U0156448

普通高等教育土木工程专业新形态教材

智慧实验室建设与管理

龙武剑　罗启灵　主　编
吴凌壹　侯雪瑶　副主编

清华大学出版社
北京

内 容 简 介

　　高校实验室是教学、科研和人才培养的重要阵地,推进智慧实验室的建设,发展智慧教育,是构建数字中国及建设具有中国特色社会主义高等教育的重要内容。本教材共分为 6 章。第 1 章介绍实验室基础概论,阐述高校工科实验室从传统实验室向智慧实验室的发展演化过程。第 2 章介绍智慧实验室建设与管理要点,包括功能、特点、原则、措施及关键信息技术。第 3 章介绍智慧实验室的设计规划、建造和保障措施。第 4 章介绍智慧实验室的管理纲要、综合平台、数据共享和信息安全等内容。第 5 章介绍智慧实验室的新时代文化建设内涵和文化建设路径。第 6 章提供了智慧实验室建设与管理综合案例,以帮助读者更深入地理解智慧实验室的实际应用。

　　本教材的特色及创新点如下:①凸显了实验室建设与管理的智慧化措施与手段;②涵盖了智慧实验室实体和虚拟建设要点;③强调了智慧实验室文化建设的重要性;④汇集了实操性强、翔实的综合参考案例。

版权所有,侵权必究。举报:010-62782989,beiqinquan@tup.tsinghua.edu.cn。

图书在版编目(CIP)数据

　　智慧实验室建设与管理/龙武剑,罗启灵主编. —北京:清华大学出版社,2023.12
　　普通高等教育土木工程专业新形态教材
　　ISBN 978-7-302-63476-8

　　Ⅰ.①智…　Ⅱ.①龙…②罗…　Ⅲ.①土木工程－实验室管理－高等学校－教材　Ⅳ.①TU-33

中国国家版本馆 CIP 数据核字(2023)第 076514 号

责任编辑:王向珍　王　华
封面设计:陈国熙
责任校对:薄军霞
责任印制:丛怀宇

出版发行:清华大学出版社
　　　　网　　　址:https://www.tup.com.cn,https://www.wqxuetang.com
　　　　地　　　址:北京清华大学学研大厦 A 座　　　邮　　编:100084
　　　　社 总 机:010-83470000　　　　邮　　购:010-62786544
　　　　投稿与读者服务:010-62776969,c-service@tup.tsinghua.edu.cn
　　　　质量反馈:010-62772015,zhiliang@tup.tsinghua.edu.cn
印 装 者:三河市人民印务有限公司
经　　销:全国新华书店
开　　本:185mm×260mm　　印　张:12.25　　　　字　　数:294 千字
版　　次:2023 年 12 月第 1 版　　　　　　　　　印　　次:2023 年 12 月第 1 次印刷
定　　价:39.80 元

产品编号:100804-01

编 委 会

主　编　龙武剑　罗启灵

副主编　吴凌壹　侯雪瑶

编　委　李凤玲　方长乐　王幸君

　　　　卢永明　王新祥　毛吉化

　　　　郑　靓　郭荣幸　林　斯

前 言
PREFACE

以云计算、物联网、大数据、5G、人工智能等新一代信息技术为代表的高新技术的快速发展及广泛应用,对全球经济、社会发展产生了巨大影响。信息技术已成为关系国家核心竞争力的战略技术。《中华人民共和国国民经济和社会发展第十四个五年规划和2035年远景目标纲要》提出要加快数字化发展,建设数字中国,并将智慧教育列为十大数字化应用场景之一。国务院《"十四五"数字经济发展规划》也指出,要深入推进智慧教育,推动"互联网+教育"持续健康发展。因此,高校建设智慧化实验室是必然趋势。智慧实验室主要指利用物联网技术和现代化信息感知设备,为实验室管理及实验人员提供全面的智能感知环境和综合信息服务平台,通过物联网信息化设备自动采集数据,大数据云平台自动存储和分析数据,减少实验过程人工干预、完善实验全过程记录,实现实验人力成本显著降低、实验效率大幅提升、实验过程全流程可追溯、仪器设备全时域可监控。

高校实验室是教学、科研和人才培养的重要阵地,推进智慧实验室建设,发展智慧教育,是构建数字中国及建设具有中国特色社会主义高等教育的重要内容。同时,智慧实验室建设可以实现以高度数据汇聚为基础的高水平教育治理,全面推进高水平大学教育治理体系和治理能力现代化,保障实验室安全、高效、稳定运行。现阶段,高校如何利用已有的信息化建设基础,提升校园信息化基础支撑能力、设施建设,结合新一代云计算、物联网、大数据、5G、人工智能等先进技术实现实验室的智慧化转型,成为一个重要而紧迫的议题。新时代智慧实验室建设与管理要以人为本,不仅注重前期建设,而且关注后期使用与管理全过程。

全书分为6章。第1章介绍实验室基础概论,阐述高校工科实验室从传统实验室向智慧实验室的发展演化过程。第2章介绍实验室建设与管理要点,包括功能、特点、原则、措施及关键信息技术。第3章介绍智慧实验室的设计规划、建造和保障措施。第4章介绍智慧实验室的管理纲要、综合平台、数据共享和信息安全等内容。第5章介绍智慧实验室的新时代文化建设内涵和文化建设路径。第6章提供了智慧实验室建设与管理综合案例,以帮助读者更深入地理解智慧实验室的实际应用。龙武剑负责策划和组织全书编写,同时负责修改、补充并定稿工作;罗启灵、龙武剑负责第1章的编写;方长乐、吴凌壹、龙武剑负责第2章的编写;吴凌壹、方长乐、龙武剑、罗启灵负责第3章的编写;卢永明、李凤玲、罗启灵负责第4章的编写;侯雪瑶、王幸君、龙武剑、林斯负责第5章的编写;罗启灵、王新祥、郑靓、毛吉化、郭荣幸、吴凌壹负责第6章的编写。

感谢深圳大学实验室与国有资产管理部、深圳大学教务部、深圳大学土木与交通工程学院、滨海城市韧性基础设施教育部重点实验室、土木与交通工程学院教学实验中心、广东省滨海土木工程耐久性重点实验室(深圳大学)对本书的大力支持;感谢广东省建筑科学研究集团股份有限公司、广州广检建设工程检测中心有限公司、广东省建设工程质量安全检测总站有限公司、天津市基理科技股份有限公司对本书案例给予的指导与大力支持。

　　本教材在编写过程中,吸收了许多专家同仁的观点和素材,但为了行文方便,不便一一注明。书后所附参考文献是本书重点参考的论著。在此,特向引用和参考的已注明和未注明的教材、专著、报刊、文章的编著者表示诚挚谢意。虽经几次修改,本书不足之处仍在所难免,敬请专家读者批评指正,编委组对此深表感谢。

编　者

2023 年 2 月 24 日

目 录
CONTENTS

第1章

概论

1.1 实验室概述

1.1.1 实验室的定义

实验室是根据不同的实验性质、任务和要求,设置相应的实验装置以及其他专用设施,由教学、科研人员与实验技术人员合作,有控制地进行教学、科研、生产、技术开发等实验的场所。工科实验室特指工程学科的实验室。

1.1.2 实验室的分类

随着科学技术的进步与发展以及实验手段与设备的不断更新和精确化,实验室的种类越来越多。为加深对实验室的认识与理解,更好地推动实验室建设与管理,有必要对工科实验室进行分类。

1. 根据建设与管理主体不同分类

根据建设与管理主体不同,分为国家级实验室、省市部委级实验室、学校实验室、科研机构实验室、实验实践社会化服务中心与企业实验室。

(1)国家级实验室。国家级实验室是国家拨专款,根据国家重大战略需求,以国家现代化建设和社会发展的重大需求为导向,开展基础性、前瞻性、战略性科技创新研究和社会公益研究,承担国家重大科研任务,产生具有原始创新和自主知识产权的重大科研成果,为经济建设、社会发展和国家安全提供科技支撑的研究型实验室。管理上直接或间接接受国家主管部门的指导和控制。

(2)省市部委级实验室。省市部委级实验室一般为省市部委级重点建设的实验室,多面向行业的应用型研究而设置,承担行业中大中型科研项目的研究和技术开发工作,同时还承担培养国家高级研究人员的任务。管理上直接或间接接受省市部委部门的领导。

(3)学校实验室。学校实验室是指各级、各类学校建设与管理的实验室。根据隶属关系不同,学校实验室又可细分为校级实验中心、院(系)级中心实验室、教研室或课程级实验室。

(4)科研机构实验室。科研机构实验室是指由各级、各类科研机构建设与管理的实验室。科研机构实验室是进行科研实验活动的场所,其主要任务是提供科学实验方法及条件,客观地实施实验观察,准确地提供实验数据。科研机构实验室的建设目标应当是构筑科研技术平台,其工作水平主要体现为科研能力,其产品是科研实验服务。

(5)实验实践社会化服务中心。实验实践社会化服务中心是指具有独立地位,不附属于任何学校、科研机构及企业,创造社会化实验实践条件并有偿提供社会化实验实践服务的单位。

(6)企业实验室。企业实验室是指由各级、各类企业建设与管理的实验室。随着经济的发展以及市场竞争的加剧,企业实验室将在企业工作中发挥越来越重要的作用。企业实验室必须达到以下条件:实验项目要满足企业的实验要求;实验流程要确保实验的可靠性;实验人员要具有较强的实验实践能力。企业实验室首先用于企业员工培训,其次用于企业应用研究。

2.根据实验室承担的主要任务分类

实验室根据任务定位不同,分为教学型实验室、科研型实验室、科研教学型实验室、教学科研型实验室和综合服务型实验室。

(1)教学型实验室。教学型实验室专门从事现代化人才的培养,其特点是以培养现代化应用型人才为目标和任务,有一定的实验教学任务和专门化的实验教学资源,能为进入实验室的学员提供相应专业的实验环境和学习资源,包括构造实验教学环境,提供实验教学教师、实验教学软件、教学实验项目和网上教学资源。单纯的教学型实验室一般设置在具有专门人才培养特色和基础的高等学院、专科层次和职业培训类院校以及部分大中型企业中。

(2)科研型实验室。科研型实验室专门从事科学研究,其特点是以支持科研项目的申报、研究、开发为目标和任务,为进入实验室的科研项目和研究开发人员提供仪器设备、智力资源、技术资源和知识系统的支持,包括构造科学实验环境,提供配套的专业化科学实验仪器设备、专业计算机软件系统、专业数据库、专门方法库和专题文献库等。单纯的科研型实验室一般设置于科研院所中。

(3)科研教学型实验室。科研教学型实验室以科研为主,兼顾人才培养,其特点是以支持科研项目的申报、研究、开发为主要目标和任务,同时承担一定实验教学任务。该类实验室能为进入实验室的科研项目和研究开发人员提供仪器设备、智力资源、技术资源和知识系统的支持,包括构造科学实验环境,提供配套的专业化科学实验仪器设备、专业计算机软件系统、专业数据库、专门方法库和专题文献库等,同时可作为实验教学场所。科研教学型实验室一般设置于研究力量较强,以研究生教育为主的高等学校中。

(4)教学科研型实验室。教学科研型实验室以人才培养为主,兼顾科学研究,其特点是以现代化人才培养为主要目标和任务,有大量实验教学任务和实验教学资源,同时还肩负一定的科研任务。该类实验室除必须具备教学型实验室的基本功能外,还要提供特定学科、专业问题研究的研究环境和智力资源组织保障机制。教学科研型实验室一般设置在以应用型、复合型人才培养为目标的一般的高等学院和综合性大学中。

(5)综合服务型实验室。综合服务型实验室承担的主要任务是为社会提供实验教学、科学研究、分析测试和开发服务,具有多种功能。为提高仪器设备的使用率,避免小而全、重复购置而造成不必要的浪费而建立这类实验室,如计算机中心、分析测试中心、显微镜使用中心、电教中心等。这类实验室的特点是：配置多种技术装备、规模较大、实验能力较强；实验内容除兼有教学、科研实验室的某些性质外，还具有水平高、难度大和手段新的特点。综合服务型实验室一般设置在大中型企业和综合性高校中。

3. 根据实验室服务对象不同分类

可分为第一方实验室、第二方实验室、第三方实验室。

（1）第一方实验室（供方实验室）。组织内的实验室，检测或校准自己生产的产品，数据为我所用。目的是提高和控制产品质量，一般使用企业标准、国家标准或国际标准。

（2）第二方实验室（需方实验室）。组织内的实验室，检测或校准供方提供的产品，数据为我所用。

（3）第三方实验室（检验检测机构）。独立于第一方实验室和第二方实验室，为社会提供检测或校准服务的实验室，数据为社会所用。第三方实验室是指依法成立，依据相关标准或者技术规范，利用仪器设备、环境设施等技术条件和专业技能，对产品或者法律法规规定的特定对象进行检验检测的专业技术组织。

4. 根据实验室相对应的学科性质分类

按照相对应的学科（课程）性质分为基础实验室、专业基础实验室和专业实验室三大类型。

（1）基础实验室。基础实验室对应的学科（课程）性质为各专业公共的基础性学科（课程），如物理实验室、化学实验室等。

（2）专业基础实验室。专业基础实验室对应的学科（课程）性质为专业内的基础性学科（课程），如计算机基础实验室、电气工程基础实验室等。

（3）专业实验室。专业实验室对应的学科（课程）性质为专业内的特定学科（课程），如经济管理实验室、检测技术实验室等。

1.1.3　实验室的作用

1. 实验室在高等教育中的地位和作用

培养高级专门人才、发展科学技术以及服务社会是高等学校的三大职能。实验室是高等学校进行实践教学和从事科学研究的重要场所，在培养创新型人才和发展科学技术中具有重要的地位和作用。实验室的建设水平体现了学校教学水平、科研水平和管理水平。高水平实验室是培养创新型人才的重要阵地，是科技创新的主要场所，实验室的数量与水平是一所大学科技创新能力的基本标志之一。因此，实验室是最能体现高等学校三大职能的平台。

（1）实验室是培养高级专门人才的重要保障。随着高等教育的发展，培养理论与实践并重、具有较高综合素质与创新能力、适应社会发展需要的人才，是高等学校在新形势下面临的新任务。实验室是开展实验教学，培养学生实践能力与综合素质的主要场所，也是实现高等学校培养高级专门人才的目标和学生完成学业的必备条件。

（2）实验室是科技创新的基地。科学技术是第一生产力，发展现代科学、知识创新的两大必要条件，一是人才，二是装备。高等学校创新型人才聚集，有良好的基础设施、自由的学术氛围和多学科交叉的影响，这些特点使高等学校成为产生新知识、新思想的沃土，是科技知识生产和传播的重要基地。高等学校是我国实施自主创新战略的一支十分重要的力量，高等学校的研究与开发人员承担了大量的科研项目。大多数的科研成果是在实验室产生的，而新的成果也需要仪器的检测作为支撑。

（3）实验室是社会服务的基础。高等学校利用自身的知识（智力）和技术优势，为解决社会生产中实际问题和社会发展问题服务，以满足社会各方面对高等学校的需求。高等学校是我国科技活动的重要力量，尤其在基础研究活动中占有十分重要的地位。而这些都离不开实验室的支持。

2. 实验室在企业中的地位和作用

（1）实验室成为企业开展应用基础研究和竞争前共性技术研究的重要载体。创新是一个企业生存和发展的灵魂，对于一个企业而言，创新可以包括很多方面：技术创新、体制创新、思想创新等。简单来说，技术创新可以提高生产效率，降低生产成本。依托企业建设的重点实验室开展应用基础研究和竞争前共性技术研究实现技术创新。在研究方向和研究内容上凝练形成适合于企业发展的研究方向，夯实企业长期开展应用基础研究的基础，增强企业的自主创新能力，不仅保持了企业发展核心竞争力，而且还引领和带动行业的发展。

（2）实验室成为高水平科技人才聚集和培养的重要基地。人才是科技创新的主体，企业重点实验室重要任务之一就是要吸引、聚集和培养国内外一流人才长期在重点实验室工作。企业研发能力弱的重要原因之一就是企业高水平科研人才不足。有些企业，特别是民营企业，由于地域位置、研究环境、学术氛围等因素影响，很难吸引高水平科技人才。企业重点实验室作为一个地区或国家同领域最高水平的研究基地，本身具有吸引和凝聚人才的自身魅力。有了重点实验室这样的创新科研环境，就能够为企业引来和留下人才提供重要支撑。

（3）实验室创新促进企业夯实市场竞争基础。实验室是深化体制、机制创新的试验阵地。技术创新是根本，管理创新是灵魂，通过加强管理体制和运行机制的创新，进一步推动实验室行远升高、良性发展。一是引导完善企业的技术创新体系；二是加快推进以技术创新、人才培养、技术标准、知识管理等为主要内容的企业技术创新体系建设，形成技术标准化与成果产业化、产品市场化等创新环节的良性循环。

3. 实验室在科研中的地位和作用

（1）实验室为科研成果提供有力保障。实验室是进行科研必不可少的重要基地。实验室拥有环境条件和人才方面的优势，聚集着科学技术的巨大潜力，是发展科学技术的重要基地。它不仅提供了大量的科研成果，还直接影响科研与开发的质量，对国家的政治、经济、文化和教育等方面起着保证和平衡的作用，在各国的科学研究事业中占有极为重要的地位。许多科学发现和重大发明都是从实验室里得来的。

（2）实验室科研成果提升国家地位。第二次世界大战中，美国政府已经体会到实验室科研成果对加强美国军事力量所做的贡献，美、日、法、英等国在战后一段时间内，都把发展实验室科研事业视为关系到国家安危和生死存亡的大问题，因为实验室不仅为国家培养杰出的人才,还以产出的科研成果提高国家地位。

（3）实验室产出科研成果。没有实验室,科研成果无法产出。与之相关学科的队伍建设、研究方向的设置、对外交流和合作以及学术水平的提高都需要依托实验室的建设来完成。实验室能够利用综合优势,培养研究人员,探索新方法、新技术、新理论,并重点围绕科研成果的产出和应用进行,解决科研方面存在的诸多难题,攻克科研难关。

1.2　实验室建设与管理概述

1.2.1　基本概念

1．实验室建设

实验室建设包括硬件建设和软件建设。硬件建设包括人员、场所、环境、设备、设施、材料等,软件建设包括实验室管理机制、管理制度、文化建设等。其中硬件建设主要内容为实验室的设计规划、设备设施建设、环境建设等。

2．实验室管理

1）实验室管理定义

实验室管理是指导人们管理实验室及其活动的一门科学,它运用自然科学、社会科学、人文科学、实验科学以及其他相关学科的原理和方法,研究实验室运行过程中各项活动的基本规律及方法。

2）实验室管理方法

实验室管理方法是指在实验室管理过程中解决思想和行动问题的方法。实验室管理方法主要包括系统方法、计划方法、制度方法、目标方法、行为方法、数量方法、决策方法等。

（1）系统方法

系统方法是指将实验室当作一个系统来运行和管理的方法,是实验室管理工作中最基本的思想方法和工作方法。该方法主要包括通观全局、分解结构、认识关系、区分层次、跟踪变化、调节反馈、控制方向、实现目标等环节。上述环节必须统一组织,同步运行,不能分割,以求实验室管理的整体效应。

（2）计划方法

计划方法是指根据实验室目标与任务,利用计划体系对实验室相关工作及其相互关系进行协调平衡,从而促使经济管理实验教学和经济管理实验科研有序进行,人、财、物、时间与空间得以充分利用的一种方法。该方法包括制订计划、执行计划、分析计划、拟订改进措施 4 个阶段。

（3）制度方法

制度方法是指通过科学制订并严格执行必要的、合理的、切实可行的实验室管理制度确保实验室管理工作规范化、程序化、条理化的一种方法。该方法是经济管理实验室管理工作中必须掌握和应用的一种方法。

（4）目标方法

目标方法是指以现代管理理论为基础，以系统理论为指导，在实验室管理工作中用目标进行管理的一种先进方法。该方法按其过程，一般分为 4 个阶段：目标制订和展开、目标实施、目标完成情况检查、目标效果评价和总结。

（5）行为方法

行为方法在某种意义上就是政治思想工作方法，是通过谈心、观察、满足、理解、奖惩等方法对实验室管理系统各类人员的行为、思想进行科学分析和有效管理的方法。行为方法的目的是为了及时解决实验室管理系统内部人员的思想情绪和实际问题，充分调动各类人员的积极性和创造性。

（6）数量方法

数量方法就是在实验室管理过程中，借助数学规律分析和认识已经发生或尚未发生现象的一种方法。数量方法是人们认识实验室管理过程辩证发展的辅助手段。

（7）决策方法

决策方法实际上是对未来不确定的事物认识的理论思维方法。它只有在辩证唯物主义思想指导下，在把握大量定性信息的基础上，才能做出符合客观实际、见之于行动的决策。

3）实验室管理任务

实验室的管理任务主要包括实验室任务管理、实验室资产管理、实验室安全管理、实验室信息管理、实验室档案管理、实验室经费管理、实验室建设项目管理等。

（1）实验室任务管理

实验室任务管理可以分为教学实验任务管理、科研实验任务管理、实验室社会服务管理和开放管理等。

（2）实验室资产管理

实验室资产管理包括固定资产管理、流动资产管理、无形资产管理等，与一般资产管理并无重大区别，因此本书中不再做详细介绍。

（3）实验室安全管理

实验室安全管理包括实验室防火防爆防水、实验室电气安全、实验室安全保卫、实验室劳动保护、实验室信息安全等。

（4）实验室信息管理

实验室信息管理主要包括实验室管理基本信息、实验教学基本信息、实验队伍基本信息、实验室科研基本信息、实验室仪器设备基本信息等方面的管理。

（5）实验室档案管理

实验室档案管理主要包括实验室档案资料的收集、整理、保管、签订、统计和提供利用等内容。重要的、需要长期保存的实验室档案材料还应定期向档案馆（室）移交。

（6）实验室经费管理

实验室经费管理是指实验室管理工作者为了满足一定需要和达到目的，对实验室经济活动进行决策、计划、组织、指挥、监督和调节。实验室经费管理的目的在于以最小的劳动耗费获取最大的经济效益。

（7）实验室建设项目管理

实验室建设项目管理主要包括实验室建设项目立项、基本建设可行性研究、实验室建筑布局、实验室家具设计、实验室公用设施综合设计等内容。

1.2.2 存在的问题

目前实验室建设与管理主要面临问题有：管理模式僵化、重复建设率高、人员队伍建设相对落后、资金投入不足、管理手段落后、开放共享不到位、信息化水平不高、安全管理存在漏洞等。

1. 实验室实验管理模式僵化，管理体系不健全

长期以来，与我国传统"应试"教育配套的是一种僵化的传统型实验管理模式，在内容上局限于验证型的、较为单一的纵向专业知识领域，其形成与发展易于受到教材与教育大纲的限制和制约。实验室管理的实验内容及其形式易于趋向"常规化"和"标准化"，即便能够在量的方面有所变化，也很难取得质的规定方面的突破与创新，这种实验管理模式是传统的继承性学习模式的产物，停留在对已知经验和知识的总结和验证上，纯粹是为了配合课堂上理论知识的传授而存在的，这就决定了其与理论教学相比，地位是从属的，相应的实验管理人员也居于较为次要的地位。与之相应的是，目前我国大多数高校仍然沿袭"校—院—系"三级管理模式，学校设备处进行宏观管理，具体实验室管理则在学院端。对实验室的建设按学院、专业进行划分，相当一部分高校的实验室都隶属于专业教研室，处于"学科壁垒、自成体系、各自为政"的一种情况，管理体系极不健全，实验室课程设计中综合性、创新性项目所占比重较低，实验管理仍局限在传统管理模式上。然而，随着知识经济时代的莅临，以往以"应试"为目标导向的传统型教育模式已完全适应不了日新月异的时代变革，与之配套的传统型实验管理模式亦逐渐暴露出其各种弊端。随着社会不断进步，一些新兴的学科、研究方向应运而生，传统的管理机制已不能适应高校的发展。推动实验室建设、教学模式的不断优化，也进一步推动了实验室多样化教学模式和管理机制的变革。

2. 实验室建设缺乏长远规划，重复建设率较高

实验室的规划与建设是一项复杂的长期工作，必须与学科专业的建设规划统一。从理论上讲，实验室建设应包括长远规划和近期计划，要有明确的长期和短期建设目标。然而，目前仍有相当一部分高校未能切实按照国家教育部有关条例的规定和要求设置实验教学，实验室建设重复而分散，与学科建设联系不紧密，导致实验资源未能充分实现共享、浪费严重，整体布局也不尽合理，致使其效益得不到充分的发挥。许多高校由于在实验室建设上缺乏长远规划，造成实验用仪器设备的重复购置现象屡见不鲜，导致了实验经费和场地设施使用上的极大分散与浪费。与此同时，实验室规模较小、环境差，专业课实验开设不规范等现象亦在许多高校比比皆是。一方面，有一部分实验仪器设备闲置，不能得到充分有效的合理利用；另一方面，又有部分仪器设备使用频繁，数目相对不足，损坏报废率较高，从而严重影响了实验室功效的合理利用与发挥。

3. 实验室人员队伍建设相对落后，人员结构不合理且数量不足

众所周知，一支精干高效的实验室人员队伍是高校以"多层次、多功能、高水平、高效开放式"为目标的实验体系建设的可靠保证，这就要求我国高校必须拥有其专兼结合、一专多

能、结构合理、相对稳定的实验队伍。然而,由于受传统教育模式中"重理论,轻实践"观念的影响,在相当一部分高校中存在重视理论教学而忽视实验教学的现象,实验教学与管理并未得到应有的重视,高校实验教学与管理人员的地位和待遇亦相对较低,对其角色定位为"教辅",进而造成了实验室人员在高校的地位、薪酬、职称、技能和业务培训长期得不到重视。一方面,存在日常的实验教学工作未被计入教学科研工作量、实验仪器设备的自主研发改造创新得不到承认、同理论课授课教师相比晋升专业技术职称的难度相对较高、课时报酬较低等较为普遍的现象,这些现象的存在大大降低了实验人员工作的积极性和主动性,并严重影响到实验教学与管理人员队伍建设的稳定性。另一方面,从事实验教学与管理工作的实验室人员外出进修和培训的机会极为匮乏,在相当大程度上制约了其业务能力和综合素质的提高,造成实验室人员队伍的整体素质偏低,人员结构不合理。

为满足教师科研需要和专业学科建设,工科专业实验室数目逐步增多,但是配套的实验管理人员或实验教师少,熟悉或应用设备的教师人数少。人员的缺乏导致了在设备管理上出现管理不到位,使用记录缺少,设备运行情况不明等现象。院校的实验室管理队伍中很多管理人员都是兼职人员,缺乏专业管理知识、设备的保养维护及使用知识,不能高效解决实验室运行过程中出现的各种问题,导致不能有效利用实验室资源。

4. 实验室建设资金投入力度相对不足,且利用效率不高

在高校的发展过程中,实验室建设、管理的经费主要来源于国家财政拨款、校企合作项目经费、社会捐助、科研项目经费、科研项目技术转化等,往往将努力争取到有限资源放在重点学科的实验室建设,而其他学科因为人、财、物等因素制约,其在满足正常的教学功能上再难进一步拓展,也使得实验室建设处于较为被动的发展状态。

许多高校对实验室的认知存在一定的误区,加上实验室基础建设、购买专业设备、实验材料、日常运营维护等需要大量资金的投入,也就造成相当一部分高校的实验室建设过程中存在资金投入力度相对不足的问题,实验室条件差、规模小、仪器设备老化陈旧等现象普遍存在,严重制约着实验内容及方法手段上的革新。即便如此,还存在已投入的建设资金利用效率不高等问题,在购置仪器设备之前,由于缺乏可行性和必要性等相关论证,有限的经费往往也不能得到合理调配和使用,性价比较高和急需的教学科研仪器设备往往不能及时采购,仪器设备重复购置及闲置等现象亦大量存在,实验设施及场地和仪器设备的利用效率亦因此受到极大影响。

5. 实验室设备设施管理手段落后

目前高校实验室仪器设备的维护、使用及其管理等都还是运用原来的传统管理模式。在实验室的日常管理中,设备的维修登记、使用登记、实验室的安全管理都还是需要在学生和老师的帮助下共同完成。对于设备管理,部门也需要单独地通过询问老师和学生去了解实验设备的情况,不能达到实时监控的作用,很难达到同步同时将现状立即反映,时效性不高,缺乏智能管理,很难做到实时跟进。

工科实验室中的仪器设备较为贵重,很多设备必须进行定期检修护理,但由于仪器数量庞大、种类繁多,现阶段传统实验室可能缺乏对仪器集中管理的平台,对于不同时间购入的仪器难以精准定位、跟踪设备、进行定期维修和更换,这可能在一定程度上造成实验结果的

不准确,降低科研创新的速度。此外,由于不同院系和同院系不同专业需安排不同类型的实验课程,在基础课堂教学安排完毕后,对于各实验室内设备使用时间的安排可能出现不均衡的现象。

现下实验室一般采用人工管理,实验室中仪器、空调、多媒体设备及照明用具等在使用后的关闭均由人工操作,无智慧化管理手段,不仅十分耗费人力资源,而且在一定情况下可能会造成能源资源的浪费。

6. 实验室开放共享不到位

高校实验室开放受到人员、安全、管理等多方面因素制约,且许多高校采用封闭式教学管理模式,实验内容局限于对理论性知识的重复验证,较难培养学生的独立思考和创新能力,实验自身的价值也难以得到认可。为此,有些高校尝试开放式管理,对交叉学科的实验室进行集中规划,扩大开放程度。由于各个学科课程要求、学生的素质存在多样性,对不同专业学生同一实践课程的要求不尽相同,进而运用系统性思维进行资源合理配置需格外注意,否则可能会产生无效率甚至负面的实施效果。

目前,大部分实验室还是沿用原来的固定课程、固定时间的开放模式。仪器设备及其平台都需要在规定的课程时间内进行开放。随着社会的进步和发展,应用型创新人才越来越受到社会的青睐,创新型教学模式同时也在不断推陈出新,促使实践教学的内容和形式更加多样化和灵活化。同时实验室的开放也应随着教学方式的变化而变化,摒弃原始的固定时间,形成契合现阶段教学特点的开放模式,同时也可提高实验室和仪器设备的利用率。

7. 实验室信息化水平不高

对实验室的信息化管理同样涉及人员、设备、费用等诸多问题。通过信息系统平台来提高管理效率已成为大家的共识。由于受到实验室的分布性以及三层管理模式的制约,各学院、专业结合自身特点进行信息化系统的选型应用,又由于建设厂家不同,各业务模块相互孤立、数据不互通,存在"信息孤岛"现象,资源信息难以共享。而且,许多实验室资源的使用状态实时检测能力不足,或者人工滞后性录入平台,使得广大师生员工无法准确获取实时信息等,制约了信息化系统在实验室管理中的深化应用。

8. 实验室安全管理存在漏洞

实验室安全是保障实验、教学的首要条件,与师生的身心健康息息相关。对于工科院校,实验设备多涉及危险化学品、剧毒物品等,实验环境也不尽相同,高温、高速、高压等特殊实验环境,因此实验室安全管理显得尤为重要。但目前,大部分实验室的温湿度、有害气体浓度、粉尘浓度、噪声等环境指标无法实时监测,对存在的各类危险无法提前预知告警。

随着教研活动的增加、高校实验室开放程度不断提高,参与人员也大量流动,涉及范围越来越广。然而,对参与实验的人员安全知识缺乏系统性、科学性的培训和评价体系,也就为实验室安全带来较大隐患,安全事故时有发生,给高校和社会带来较大的负面影响。

现在很多高校都有实验室管理系统,但其个性化特性不高,没有根据高校各自特点进行设计,与此同时实验管理者人数有限,需要一个人同时管理很多间实验室,且实验室会分布在不同位置,无法对实验室进行全天全时段的监管,这样便形成安全隐患,从而可能造成严重损失。

1.2.3　新时代实验室发展方向

1. 新工科方向

新工科是 2017 年 2 月 18 日在复旦大学举行的综合性高校工程教育发展战略研讨会上提出的一个新概念,于是形成了"'新工科'建设复旦共识";同月,中华人民共和国教育部(简称教育部)发布《教育部高等教育司关于开展新工科研究与实践的通知》(教高司函[2017]6 号),希望全国各高校积极开展新工科研究实践活动,深化工程教育改革,推进新工科建设与发展。4 月 8 日形成了"'新工科'行动路线(天大行动)",6 月 9 日教育部在北京召开了新工科研究与实践专家组成立暨第一次工作会议,审议通过了《新工科研究与实践项目指南》,形成了"北京指南",提出了新工科建设指导意见。阐述了对新工科建设的认识和探究,包括新工科专业创新与知识体系构建、新工科培养模式和关键因素,但因内涵丰富,涉及范围广,处于探索阶段,目前无准确定义。新工科对实验室建设及人才队伍建设提出更高要求,有待长远深入的思考和实质性改革。

新工科内涵是以立德树人为引领,以应对变化、塑造未来为建设理念,以继承与创新、交叉与融合、协调与共享为主要途径,培养未来多元化、创新型卓越工程人才。新工科中,"工科"指工程学科,是本质;"新"即新兴、新型和新生,是取向。既要把握好"新",又不能脱离"工科",具体体现为:理念新颖性、思维创新性、理技融合性、知识结构拓展性、设计思维广泛性、领导能力有效性。

新工科就是建设跨行业界限、跨学科界限的跨界新学科,具有引领性、交融性、创新性、跨界性、发展性、应用实践性、超前性和衍生性等特征。引领性为其前沿特征,表现在高等教育系统内外两方面,内部引领起示范作用,外部支撑新产业形成。交融性为其学科特征,是多学科的交叉、融合、渗透或拓展。创新性为其属性特征,是国家经济社会发展对新工科本质属性提出的要求。跨界性为其产业特征,新工科围绕产业链整合需要在自身构成中具跨越原有产业和行业界限特征。发展性为其动态特征,新工科需依据产业发展变化和趋势对学科内涵和要素进行及时、超前调整。应用实践性是基于知识生产模式 II(应用导向、跨学科导向、异质性互动导向、实践性反思导向及多维评价导向的生产模式)和模式 III(一种以知识集群、创新网络、分形研究、教育创新生态系统为核心模式,有多个主体、多种层次、多个节点和多种形态特点模式的知识创新系统)而言。超前性和衍生性基于服务,新工科将创生更多面向未来的新形态,具有强大生命力和衍生性。此外,新工科还具有多样性与个性化统一的特征。

2. 信息化方向

中共中央、国务院印发的《中国教育现代化 2035》提出更加注重培养应用型、复合型、技术技能型人才,充分发挥实验室的作用,将实验教学信息化作为高等教育系统性变革的内生变量,以高质量的实验教学,助推教育现代化。实验室是高校开展实践课程、进行科学研究、培养创新型人才的重要场所。随着新的信息化技术的不断发展,高校信息化建设进入深水区。

3. 智慧化方向

2018 年 10 月,教育部发布的《关于加快建设高水平本科教育　全面提高人才培养能力的意见》指出:"打造适应学生自主学习、自主管理、自主服务需求的智慧课堂、智慧实验室、智慧校园。大力推动互联网、大数据、人工智能、虚拟现实等现代技术在教学和管理中的应用"。在此背景下,构建智慧实验室是深化教学改革、面向未来国力竞争和人才成长的需要。随着数字时代背景的高速发展,高质量教育体系建设需要积极发挥技术优势,"元宇宙＋教育"应用的可能性正在被不断探索。

1.3　智慧实验室概述

1.3.1　智慧实验室定义

智慧实验室以现代教育理念为指导方针,基于物联网技术构建能够全面感知的物理环境,基于互联网构建开放、互动、共享的综合实验室信息服务平台,基于智能控制技术构建可视化、智能化的自动化管理和监控,基于云计算、大数据等技术实现实验教学过程的可视化采集、传输、交互、评价、应用和服务。

智慧实验室主要指利用物联网技术和现代化信息感知设备,为师生提供全面的智能感知环境和综合信息服务平台,通过设备互联、信息互联实现教学、管理一体化,优质资源共享化。智慧实验室将现有实验室仪器设备通过基于物联网技术的信息化智能设备进行采集并整合数据信息,纳入智能化综合服务平台,实现管理、教学、使用数据信息有机融合,从而实现实时数据采集、优质资源共享以及高效数据分析和服务。智慧实验室通过物联网信息化设备自动采集数据,大数据云平台存储和分析数据,实现减少人工干预、教学全过程记录,达到降低实践教学人力成本,实现实践教学过程全程可追溯,动态监控仪器设备状态,数据有效支撑师资绩效考核和仪器设备采购预算制定的目的。

1.3.2　建设中存在问题

目前国内无论是高校还是中小学都在开展相应的智慧校园建设,智慧教室、智慧实验室、智慧后勤如火如荼地进行着,但现阶段高校智慧实验室建设进展比较缓慢,存在多方面原因。一是高校各学院、各科研实验室建有独立的实验室或者计算机机房,设备种类较多或重复建设且管理人员偏少,甚至由专业老师兼任管理员;二是面向上级管理部门多,报表量大;三是实验室管控手段较弱,存在一定安全隐患,部分实验室无法有效管控开放过程;四是实验室管理工作量核算困难等。因此需要建立智慧实验室管理平台,统一管理学校的所有实验室,同时让许多问题能有新的解决方法和思路,各高校现有信息管理系统需要一个平台进行整合。

智慧实验室为实验教学全方位提升提供了各方面的保障。目前,高校实验室的智慧化建设还存在一些亟待解决的问题。

1. 信息系统未实现一体化

教学实验室信息化系统没有统一的设计,只有功能单一、不成体系的一些小系统。没有完善的实验智能管理系统,不支持系统的考评、实验过程记录、实验开放等工作。互联技术规范无统一的会话通道协议、流媒体通道协议、互联信息数据转换、网络传输协议转换、设备地址转换、媒体传输协议及数据编码格式的转换。各系统功能单一,数据无法共享,形成信息孤岛,无法发挥现代化信息技术万物互联、数据整合、智慧分析、智慧决策的优势。

2. 设备管理未实现信息化

教学仪器设备主要靠人工管理,虽然有固定资产管理系统,但多停留在账面的管理,不能获取和及时更新设备的使用情况,存放的真实位置和变动也没办法掌握,更谈不上对其进行远程控制、对使用情况及时并真实地进行记录,设备的维护保养也难以有计划并合理地开展,更难实现对其开放共享。在新仪器采购、仪器使用和损坏追责等方面很少能提供有价值的信息数据,造成国有资源浪费和损失,对于办学投入有限的地方高校,不利于有效地整合教育教学资源。此外,教学和科研仪器设备物理位置分布相对分散,管理和维护难度相对较大。部分进口大型仪器设置有独立的仪器管理系统,与学校统一的实验室管理系统往往不兼容,仪器设备信息采集主要靠管理人员的人工录入,难以实现及时、准确的设备信息采集,"数据孤岛"普遍存在,维护和管理难度大。

3. 安全管理未实现智能化

实验室安全管理没有形成全方位的监测管理体系,对一些潜在的危险并不能及时发现,只能靠管理人员人工巡查,但由于实验教学和科研的发展,管理人员所需承担的任务越来越多,加上开放实验室的增加,监控管理风险越来越高。

4. 实验设备未实现共享

由于没有信息化的实验室共享平台,使用人没有渠道去别的院系、实验室使用设备,不同使用单位出于自己使用的需要,只能去重新购置新的设备,造成大量的重复购置。物联网等技术给实验室的发展带来美好前景,但同时也面临诸多问题,怎么样才能更有效地推动智慧实验室的建设,更有利于实验室的管理,让技术更好地为教学科研服务,所要解决的不仅是技术问题,还需要技术应用的落实和创新,创造性地探索出行之有效的应用模式。

1.3.3　智慧化建设策略

随着信息化技术的不断发展,旧实验室需要根据现有情况进行改造,新建实验室在建设初期就要做好规划,可从物联设施层、智慧管理层、网络服务层、平台支撑层、应用层制定智慧化建设策略。

(1)物联设施层基础设施建设。传统实验室在硬件安装阶段未提前设计智慧门禁系统、智慧用水用电系统、智慧温控及节能系统等,未提前预设压力传感器、温湿度传感器、监控摄像头等,需要在现有实验室基础上进行线路敷设及硬件安装,因为这些设备的联通直接关系智慧实验室的基础环境建设,相当于分布在实验室内的"眼睛"。另外,高校工科实验室目前设备摆放、材料存储分散,实验室分类混乱,需要对实验室现有设备摆放进行合理分类、规划、集中设备管理,如建立高温实验室、化学品合成室、材料存储室等,方便后续统一管理。

(2) 智慧管理层建设。传统实验室智慧管理层建设投入较少,需要将实验室现有各种信息化管理系统进行整合,依托于物联设施层的数据采集,可以开发出更多的智慧管理系统,如建立智慧电源控制系统、实验室智能中控系统、多媒体智能控制系统等实现实验室的智慧控制。

(3) 网络服务层建设。网络服务层在智慧实验室构建中的主要作用在于借助互联网、局域网、无线网、专用网(如校园网)接入、传输和运营,网络服务层建设是在基础硬件设施全部安装调试运转正常后需要进行整体布局的关键步骤,起到承上启下的重要作用,整个计算机实验室的所有数据传输均要依靠网络服务层。

(4) 平台支撑层建设。在平台支撑层上,实验室的核心数据,包括物联设施层的所有数据、实验人员个人信息等均在此层面进行搜集汇聚,各类数据的来源各不相同,数据格式也不一致,因此,在互联层采取何种信息连接方式全面整合、统一各类信息将直接影响智慧实验室的建设水平。

(5) 应用层建设。应用层是整体设计架构的重要一步,也是整个智慧实验室建设的顶端核心内容。应用层的核心是数据,如何处理好这些数据,将其整合、分析,得出可用的决策建议就是应用层需要考虑的核心内容。各类不同数据均会根据数据中心标准规范汇聚至中心,通过建设面向服务的架构模型,应用层通过数学算法和统计工具转换数据进行分析,执行结果预测、场景建模和模拟,帮助实验室管理人员进行管理、分析,为实验教学、实验室建设管理提供决策支持。如通过对物联网发送来的教学考勤及相关人员进出实验室状况信息的实时分析,即时给出到课率和人员工作情况,及时告知教师和实验室管理员,同时记录人员进出情况,保证教学和设备运行环境安全。实现对实验室场所、人员、设备、环境与安全保障的综合智能化管理,更可对设备设施维修、借用、使用申请、授权管理等常规业务流程进行网络化、数字化管理,从而实现实验室的智能管理和流畅应用,减轻实验室管理人员的工作负担,提高工作效率和服务水平,同时还为实验室评估、实验室建设及实验教学质量管理等决策提供数据支持。

未来,建设元宇宙实验室是具有展望与期待的事,沉浸式互动教学环境让深度学习更容易发生,虚拟实验和虚拟体验能有效弥补常规教育的办学短板,教育元宇宙能促进线上线下教育的融合。建设元宇宙实验室是落实2021年5月31日下午中共中央政治局就加强我国国际传播能力建设进行第三十次集体学习中习近平总书记的重要讲话精神,展示"真实、立体、全面"的中国形象的具体举措。元宇宙是分析、研判新形势下国际传播工作面临的机遇与挑战所进行的前瞻性、战略性布局。实验室应充分调动青年人才力量,瞄准代表未来的"Z世代"受众进行传播策略创新,争取在元宇宙国际传播新格局中抢占高地。

1.3.4　智慧实验室建设与管理意义

1. 紧跟时代发展,服务国家教育大计

高校实验室是进行实验教学、人才培养的重要平台,对学生的价值塑造、能力培养、知识

传授具有重要意义。随着大数据、人工智能(artificial intelligence,AI)和 5G 技术的快速发展,教育大数据已逐渐形成,实验教学方式和手段已发生深刻变革:未来实验教学更注重学生的个性化发展、实验资源共享和整合。教育部制定的《教育信息化 2.0 行动计划》(教技[2018]6 号)明确提出:整合各类教学、科研资源,实施教学资源共享计划;建设智慧实验室,加快高校智能学习体系建设,形成智能化的教学体系。为了推动高校优质实验教学资源开放共享,扩大实验资源受众面,迫切需要加快新形势下的高校智慧实验室建设。智慧实验室是实现教育信息化 2.0 的重要途径,它通过构建智慧化的教学和管理环境,引领和促进实验教学的智能化发展。

2. 提升实验室教学与资源管理水平

智慧实验室建成后能大幅提高实验室的实验教学质量及资源管理水平,节约人力资源,减轻实验室管理人员的工作压力,为广大师生提供一个既能进行实验教学又能推动科研创新的实践基地,为培养信息化人才提供有力支撑。智慧实验室通过运用新一代信息技术,包括先进的互联网技术、物联网技术、AI 技术、大数据技术等,改变传统实验室流程烦琐、管理不便的现状,从而实现实验室环境及实验教学全过程智慧化管理的目的。既能完成实验设备的智能化升级及其与实验室的有机融合,打造一个既能推进实验过程,又能深化教学效果的智慧化学习环境,彻底改变以往传统实验室落后的管理模式,使实验室管理朝着便捷化、智能化和智慧化的方向发展。同时,通过对现有实验室的智能化升级,实现对高校实验室使用时间的智能分配、实验人员身份的智能识别、实验室状态的实时监控、实验设备的远程操控及实验室内用电系统的随时管控。智慧实验室在大数据和多媒体等技术快速发展的背景下,其建设的可行性高,具有重要的现实意义。

3. 智慧化管控,高效解决实验室安全难题

随着物联网技术、AI 技术的迅速发展,实现对实验室的智慧化管理是一种必然趋势。智慧实验室安全管理系统不仅能够提高教学质量而且能够极大地保障实验室的安全,减少不必要财产损失的同时,还能够减少资源浪费、环保节约。智慧实验室可实现实验设备与试剂管理、实验室环境监测、门禁控制、安防报警、视频监控等智能化、安全化与可视化管理,对实验室的管理更加系统,形成一个高效的整体,使实验室管理更加科学与规范,充分保障实验室的安全。

第2章

智慧实验室建设与管理要点

随着智慧实验室的建设与发展,实验室工作人员对智慧实验室的建设与管理也在实践中不断发展和完善,但目前智慧实验室的应用还停留在基础阶段,智慧实验室的建设也仍处于初步阶段,信息技术与传统实验室的融合还不够完善,需要管理人员和研究人员进一步研究,推动两者的深入融合。本章总结的要点包括智慧实验室的功能及特点、智慧实验室建设与管理的原则及措施以及智慧实验室建设所依托的关键信息技术。掌握智慧实验室建设与管理的要点,有助于实验室工作人员及相关人员在智慧实验室建设和管理中不断取得新进展,为建设更智慧的实验室助力。

2.1 智慧实验室功能及特点

实验室往往作为科学技术创新的第一发源地,不仅是开展科学研究的空间保障,还是确保科学高质量发展的重要抓手。国家高度重视高水平实验室建设,并将实验室建设纳入国家发展规划中。现代实验室经过长时间的发展和完善,已有长足发展,但随着新一代信息技术的不断涌现与广泛应用,现代实验室仍可在以下方面继续优化,促使实验室朝着信息化、智能化和智慧化的方向发展,如提高实验室信息化程度、充分开放、共享资源、提高利用率、促进教学和实践一体化等。在不断探索如何依托新一代信息技术构建新型智慧实验室的过程中,各种智慧实验室如雨后春笋般涌现,包括综合智慧实验室、各类专业智慧实验室等。不同类型的智慧实验室建设内容各有其侧重点,但总的来说具有一些相同的特点,其具有代表性的功能及特点,具体如下。

2.1.1 实验室管理信息化

智慧实验室的管理主要包括实验室仪器设备管理、人员管理、低值易耗品管理、安全与环境管理四个方面。智慧实验室对实验室仪器设备、人员、低值易耗品、安全与环境实现信息化管理,能够实时感知其状态。重点运用计算机软件技术、智能卡技术等先进技术,以先进的管理理念为指导,实现对实验室仪器设备、耗材使用的全过程、人员进出和环境安全的信息化管理,减轻实验室管理员的工作负担,提高工作效率,加强实验安全保障和对外服务水平;同时,加强实验室主管部门对设备绩效、信息收集、物资管理、项目建设的宏观控制,以节约管理成本,提高管理效率。

实验设备的信息化管理当属实验室管理工作的重中之重。目前实验室设备的信息化管理主要通过固定资产管理系统,可大大简化固定资产管理的全流程。利用信息化手段,通过对各流程的梳理与整合,建立一个将经费使用、设备采购、设备管理、设备报废等环节完整统一的管理信息系统,真正实现经费使用与设备资产的全流程信息化管理。在完善固定资产管理的同时,可更好地发挥信息系统对实验室教学、科研、社会服务活动的支撑和服务功能,为实验室的发展建设做出积极贡献。

实验室的管理归根结底还是人的管理,是通过各种手段来保障实验室人员的安全,而信息化技术有助于解决实验室人员管理的难题,是实验室人员管理的有效手段。大力促进信息化技术在智慧实验室中的应用,从而更好地提高智慧实验室日常管理效率,节约资金和人力成本。对于实用性新技术应切实应用于实验室的日常管理,如人脸识别进入实验室,彻底解放了实验人员的双手,使得人员能够安全快捷地进出实验室;另外,利用指纹解锁实验仪器设备既省时又省力,还确保责任明确,免去了设备使用时烦琐的登录过程;同时还可将云技术接入用户终端,实施对新进人员的在线管理与培训以及违规操作人员的再培训,并做到实验室使用的在线预约与登记,降低运营成本。

低值易耗品管理可谓是传统实验室管理的痛点。高校实验室低值易耗品包括低值品与易耗品。低值品是指单价达不到固定资产标准但使用通常超过一年的耐用品;易耗品指使用年限通常不到一年的消耗材料。相对于固定资产,低值易耗品具有数量大、种类杂、批次多、来源广、流动性强、使用周期短、价格差异显著、不入资产账等特点,管理相对复杂。通过信息化管理系统将国家相关法律法规、学校规章制度和管理办法融汇于日常管理工作中,使之得到有效执行,实现对低值易耗材料的分级监控管理,形成科学、规范、完善的管理体系。信息化管理系统实现了低值易耗材料"有账可查,有账可依"。通过建立电子账目,实现对低值易耗材料重要信息的记录和保存,实现实时查询和统计。对管理部门而言,管理更精细化、条目更清晰,同时确保管理更加规范化、集约化和精益化,减少重复购置和浪费。

实验室安全是实验室建设与管理的前提保障,失去安全,一切工作基础就无从谈起。实验室安全管理信息化系统主要包括实验室安全教育与考试系统、实验室安全检查系统、危险化学品管理系统、放射性同位素信息管理系统等。实验室安全信息化管理可以确保实验室安全教育覆盖到每个人,同时改善实验室管理力量不足的局面、提供全校甚至更大范围的数据共享。

2.1.2　实验室监管与控制远程化

在实验室管理信息化的基础上,智慧实验室通过远程监管与控制系统采用智能控制技术、网络技术和无线通信技术,对实验室进行远程智能监测管理,提供高效、准确的数据和控制。通过控制无线模块、温湿度传感器、射频识别(radio frequency identification,RFID),RFID是通过空间电磁或电感耦合的非接触方式,实现双向通信并交换数据的技术,读写时人员与电力设备可保持安全距离,数据采集快,操作简单,适用于离散设备的巡检、无线射频技术、人体红外探测、烟雾传感器及手机远程智能控制,实现全智慧实验室控制。其实现原理及工作的全过程为:从控制端通过传感器采集实验室的温湿度、烟雾度、人体红外探测的状态等信息,发送到主控制端,经过主控制端的数据分析后,发出相应命令,然后再从控制端进行相应的系统处理。

　　智慧实验室远程监管与控制系统主要功能包括：实验室自动化、智能化、便捷化管理；对实验室使用情况、软硬件设备等数据进行实时监控；控制平台（如 OneNET 平台）远程控制实验室设备，掌握实验室使用情况；检测实验室温湿度，并且上传至控制平台。

　　智慧实验室远程监管与控制系统的主要特点如下。

　　（1）管理方便。系统后台可自动生成设备、门禁、耗材等的使用记录，管理人员可方便快捷地掌握实验室的整体情况。

　　（2）提高教学质量。学生课前可提前预习，课后巩固，且课程均有视频回放。这些都可以不受时间地点的限制，只要有网络和手机就可以进行，有利于促进教学方法的改进，从而提高教学质量。

　　（3）提高使用率。学生、教师等实验人员可提前预约，预约成功后即可在预约的时间内使用实验室和实验设备，使实验室和实验设备得到充分利用。

　　（4）远程监管。管理员可通过控制平台实现对实验室的远程监督、远程控制。当发现有实验人员违规操作时，可通过远程喊话系统叫停违规操作，同时远程暂停实验设备的运行，避免事故发生。

　　智慧实验室监管与控制系统能够实现被授权的主管领导在线查看各实验室或仪器设备当前状态，及时、全面地了解各实验室或仪器设备在实验教学与开放实验中的使用安排，为制定切实可行的实验计划提供参考依据；还可通过系统的智能硬件远程感知和控制实验。

2.1.3　实验室安全警报实时化

　　实验室发生事故往往是人为疏忽或操作不当引起的，如果这种事故能在萌芽状态就被制止的话，那很多事故就能避免发生。因此，为提高实验室事故报警质量，基于远程管控等技术的智慧实验室事故报警系统应运而生。该系统采集模块通过湿度、光照、气体、火焰及红外线等多种传感器采集实验室环境数据，利用虚拟仿真装置采集实验室环境数据，通过 3ds MAX 等建模工具构建实验室基本模型，再利用视觉仿真用具模拟实验室事故现场情形。系统管控模块中的实验室安全监控装置和反馈控制装置通过管控软件，远程通信模块利用 ZigBee 技术（ZigBee 技术是基于 IEEE 802.15.4 无线标准进行研发的一种短距离、低速率、低功耗的双向无线通信技术）组网，将实验室事故仿真模拟结果及管控结果，反馈到应用模块中进行监控分析和显示，实现实验室事故报警实时管控。

　　智慧实验室实现多种安全事故实时警报，即时向实验室安全负责人及实际管理人发送事故或者安全隐患警报消息，提醒相关人员及时处理。如烟雾监测预警系统融合了计算机视频图像分析、自动预警、报警管理等技术，系统与视频监控系统无缝对接，通过系统主动预警推送的方式，对监控区域内出现烟雾、火焰的具体场景实时通过计算机客户端进行报警提示，同时可联动现场警灯、音箱、扬声器等设备，报警也可通过手机微信客户端推送给相关管理人员，推送消息包括事故地点、事故类型，同时还包含事故正确的应急处理方式。

2.1.4　实验室数据分析可视化

　　可视化技术可将原始数据转变成一目了然的文字、图表或图形的形式，是体现数据关联性价值最直观的方式。实验室各类应用系统，如实验室管理系统、监控系统、门禁系统、机房预约系统、电子班牌系统等信息化系统中,积攒了大量的数据。数据的周期、容量、规模和类型都在不断增长。如何从这些沉睡的数据中发现具有决策价值的信息变得越来越重要。智慧实验室应当把数据从单纯的存储向分析、挖掘升级转变,通过对各级各类教育教学、管理系统数据的采集、关联、分析等,将数据转化为潜在的知识,构建实验室大数据可视化与决策分析体系,为实验室及学科建设发展服务。利用大数据可视化技术,结合实验教学、实验室管理各类具体业务需求,对实验室数据进行深入的探索和分析,多维度、可视化的展现数据背后的状况,为决策分析提供借鉴参考。

　　门禁系统数据的可视化分析,主要对实验人员、机房管理员等人员的刷卡记录进行提取与分析。例如,通过分析门禁系统中对应人员的最早刷卡时间和最晚刷卡时间,进而可以分析员工的考勤情况。此外,新冠疫情期间,按照"停课不停教、停课不停学"的统一部署,学校采用线上直播教学的方式进行网络授课,每天直播系统中都会保存大量的直播课程数据。通过可视化分析的方式,直播课程开展状况一目了然,如查看某天的直播课程数、上课学生数、总计学习人次、累计开课教学班、开课教师总数、总计直播课程数、每天按学院开课数、教师数、学生数、开课比例等指标。还可以从实验室机房管理可视化分析,帮助管理人员实时查询实验室运行信息、机房管理系统信息、教师学生的身份和课程信息等,根据需要授权不同用户的使用权限。用户可以随时随地查询实验室开放信息、预约信息、实验室软硬件配置信息、近期内课程安排信息等。机房管理人员可以实时掌控实验室及相关范围内的数据,教师、学生也可以依据自身需求关注实验室信息以便合理安排行程计划。

2.1.5　实验室教学多样化

　　智慧实验室在多种信息技术的加持下,可为学生提供便捷、自然、友好的人机交互以及高效的信息获取方式,实现以学生为主体的多种教学模式,从而提高学习、讨论和协作的效率。通过灵活组织和智能推送教学资源,满足教师多种教学模式的开展与应用,实现教学过程可监控可调整,并对不同教学模式下学生学习兴趣、参与性、学习能力与学习成绩进行大数据分析,评价教学结果,优化教学策略;通过线上线下学习资料推送、学习任务预告、课前课后评估,实现教学数据信息可视化,PC端、移动端、教室内屏幕等多渠道多终端无缝连接,打通线上线下、学校内外教学分隔。实现"线上"和"线下"大融合,硬件设施与软件系统融合,打造教学资源制作、展示、共享一体化服务中心。

2.1.6　实验室理论教学与实践应用一体化

　　随着信息时代的不断发展,物联网技术应运而生。该技术凭借高准确性、强灵活性等特征被广泛地应用于教学实验系统设计中,不仅有效地提高了实验教学智能化控制水平,满足高校个性化实验教学需求,还培养了学生知识应用技能和专业综合素养,为最大限度地提高高校人才培养质量提供重要的技术支持。智慧实验室融合了智能传感器、ZigBee技术、RFID技术、嵌入式技术、软件开发技术等物联网相关技术,涵盖了众多智能硬件和软件模块,兼具实验室管理的实际应用和物联网教学的双重价值,提供二次开发包及开发教程,是学生学以致用的理想平台,为学生创新创业实践提供了设备和环境。

　　智慧实验室的一站式智能教学平台旨在通过构建泛在、高效、移动、安全的平台,推动信息技术与教学的深度融合,打造集教、学、考、管、评和支持服务为一体的全周期综合教学平台。通过创建教师、学生和管理空间,灵活支持混合式教学和翻转课堂等新型教学模式开展;通过对学习者的特征分析,建立学习者模型,实现学习预警、检测、评价、补救等功能,帮助学生实现个性化、智能化学习;理论和实操教学融合,打造突破时空限制的无边界课堂,全面激发课堂教学的结构性变革,真正实现教与学的闭环,为学校教学资源整合、教学模式改革、教学方法创新提供稳固的教学平台支撑。

2.2　智慧实验室建设与管理原则

实验室是实现教学、科研、人才培养及社会服务等功能的重要阵地,实验室建设与管理原则是实验室能否安全、稳定运行的前提保障。构建实验室人员、设备、安全及文化等建设与管理的原则是智慧实验室建设与管理的重点内容。智慧实验室应着力构建并完善实验室安全管理与建设原则,形成人人重视、人人关心实验室安全工作,人人共建共享实验室良好安全文化氛围,确保实验室人员健康安全和教学、科研、社会服务工作安全有序进行。

2.2.1　智慧实验室人员建设与管理原则

1. 终生学习原则

智慧实验室建设初衷就融合了不断迭代升级的理念,除了那些固定不变的设施,所有能够升级的软件、设备等都应具有更新升级的功能。实验室管理人员作为实验室管理的核心,其队伍建设必须与时俱进,不断与智慧实验室的管理相匹配。因此,智慧实验室的管理人员必须保持终生学习的态度,不断吸收最先进的实验室管理知识,确保智慧实验室的功能得到高效的发挥。

2. 岗位责任制原则

智慧实验室拥有较多的智能化设备来辅助实验室管理,可大大减少实验室管理人员的工作量,使其从烦琐的工作中解放出来。实验室管理人员的工作都有明确的岗位责任要求,进一步压实管理人员的个人岗位责任,有助于确保实验室长久安全运行。

3. 规范化原则

从设备、器材、化学品等的使用到实验方法、安全卫生均制定标准化规范,确保管理工作的有效性和连续性。不仅人员操作需要规范约束,机器监督和预警同样要有规范标准,智慧化仪器设备通过对实验室标准规范的深度学习,准确判断实验人员的操作是否符合标准规范要求。对于实验人员的不规范操作,机器将预警和记录,并按照设定的标准严格执行处罚。

4. 记录监督原则

在实验室开展的实验要求准时、精确地记录下来,以保证实验室工作的可追溯性。智慧实验室免掉了繁复的纸质记录材料,取而代之的是高清的全方位视频监控,一旦发生事故、纠纷,监控视频将是责任判定的直接证据。因此,监控记录必须保证存储条件安全、高清且具备一定的存储期限。调用监控视频记录需要有严格的审批制度和流程,确保监控视频不被非法滥用。

2.2.2　智慧实验室设备管理原则

1. 倡导共享共用,提高利用率

随着实验室的仪器设备越来越多,智慧实验室需要新的管理模式以适应仪器设备的管理要求。传统的人工静态管理模式显得相对滞后,常常存在预约流程烦琐费时、管理人员紧缺无暇全盘兼顾、数据信息孤岛、对外开放共享率低、评价方式落后等问题。因此,利用"互联网+"技术承接实验室形式,顺应信息化时代要求的契机,对于优化高校实验室资源配置,提高设备的共享率和使用效率,提高实验室的服务水平具有重要意义。在传统的仪器设备使用审批环节,管理人员需根据预约者登记的纸质化材料进行编排,耗时低效,且预约者往往无法在第一时间明确设备可使用时间。智慧实验室能够解决这一日常化工作烦琐的问题,在线预约、分级审核作为智慧实验室的一项基本功能,可使实验人员自主灵活地提前安排实验时间。仪器设备管理员可一目了然地浏览所负责设备的可预约时间段、预约人姓名、导师团队、样品成分、预估测试时间等信息,审核通过后反馈信息将自动在第一时间发给申请用户。

2. 保证安全可控,履历清晰

实验室仪器设备使用和管理过程中,应当做好仪器设备的台账与档案管理。管理人员应当详细记录实验室仪器设备的相关内容,并且做好整理归档工作,及时在实验室仪器设备智慧管理平台录入和更新,包括仪器设备的名称、编号、出厂日期、启用日期、唯一标识等。通过这些记录,智慧管理平台能够全面了解实验室的各种仪器设备的履历、使用周期等,进一步提升仪器设备管理效果。同时,使实验人员能够科学运用实验室的仪器设备,从而延长仪器的使用寿命,减少设备发生故障的概率,保障实验室仪器设备的使用质量和管理水平。

3. 实现实时监测,智慧预警

智慧管理平台能够提高管理的信息化水平和质量。通过智慧管理平台登记仪器设备的使用记录和状态,能够快速检查设备使用情况,及时发现仪器问题并分析问题原因,采取有针对性的维修措施,提高维修工作质量和效率。智慧管理系统还能调节特殊仪器设备的存放环境,当仪器设备环境发生变化时可以自动处理,有效提升实验室仪器设备管理的成效。通过仪器设备的履历和检修记录,智慧平台能够预测仪器设备发生故障的时间和原因,提前发送信息提醒管理者进行保养和检修。

2.2.3　智慧实验室安全建设与管理原则

1. 以人为本,建立科学合理的安全管理制度

实验室各种制度制定应围绕如何"保障人的安全"这一话题来展开,智慧实验室的制度

建设也不例外。智慧实验室的制度建设和管理即制定各种实验室规章制度和实验室操作规程,以此来规范管理实验室的各种人员及其活动,同时使得智慧实验室的制度建设和管理有章可循,安全监督管理有法可依。因此,应依据现有国家法律、技术标准和操作规范,系统地制定适合本实验室实际情况的安全管理规则、实验室物品管理规定、化学试剂安全管理办法和安全检查管理规定等实验室安全管理制度。

2. 贯彻"安全第一、预防为主、综合治理"的方针,坚持"谁主管、谁负责"和"谁使用、谁负责"的原则

实验人员在进入实验室前需通过实验室安全准入考试,熟知相应实验室安全管理原则和仪器设备正确操作流程,确保所有的实验操作都是在安全合规的情况下进行。同时,智慧实验室采用"人机结合"的方式来保证实验室环境和实验人员的安全,其最大特点应是智能设备能够在第一时间识别并发出警报来制止不规范的操作。当实验室事故发生且实验人员无法立即采取有效措施时,应由实验室智慧化设备在第一时间采取正确应急措施,防止事故扩大蔓延,然后通过短信等方式通知相关负责人积极抢救并及时上报,把事故造成的损失降到最低,切实保障师生人身和财产安全。

3. 以人为主体,信息技术为辅的原则,构建科学合理的实验室风险控制管理体系

风险控制是指风险管理者采取各种措施和方法,消灭或减少风险事件发生的各种可能性,或风险控制者减少风险事件发生时造成的损失。实验室风险无处不在,对风险的识别、处置、效果的评估以及再循环改进是降低风险的重要措施。因此,科学合理的风险控制与管理体系包括风险的识别与评估、风险的应急和处理措施、风险的处置效果评估、风险处置的改进措施及制度完善。重要的是,智慧实验室风险控制管理与传统实验室风险控制管理的最大区别为智慧管理的风险因素。智慧实验室存在互联网、物联网、AI、大数据与云计算和虚拟现实与增强现实等信息技术手段,然而,无论信息技术在多大程度给予管理上的便捷,管理者是主体和主导,技术只是辅助管理的一个手段。在人与技术的关系中,技术与人的关系不能失衡,智慧管理可以使用新型技术,但不可完全依赖信息化技术手段。

2.2.4　智慧实验室文化建设原则

1. 目标导向

实验室文化是一种信念力量,实验室所包含的价值和规范标准能引导实验室中每个成员的价值取向及行为取向。实验室文化中的建设目标具有强大的影响力、号召力和导向力,能够引起成员普遍的心理共鸣与行为反应,能够规范和统一实验室成员的精神与行为。实验室文化建设需要与高校或企业文化相融合,引导实验室成员注重知识原创性、保密性和实验室安全意识,对客户体现尊重与服务精神,建设公平、低碳、智慧的实验室,以服务国家战略性目标为导向。

2. 凝聚力量

实验室是一个完整的协作体,将个人的努力凝聚成共同的努力。优秀的实验室文化可不断地强化成员之间的沟通与合作、信任与团结。同时，成员之间利益的冲突和摩擦也会在这种氛围中得到化解和淡化。实验室文化是一种黏合剂，能够把大家紧密地联系在一起，同心协力地完成实验室的目标。通过传承诚信礼仪、文化自信等新时代中国特色文化精神，营造实验室内众人拾柴火焰高的氛围，凝聚与团结实验室成员间的力量。

3. 以人为本

实验室文化建设需遵循以人为本的原则，注重实验室文化的精神力量，建设高水平实验室技术与管理队伍，高校实验室构建"三全育人"文化。积极、健康、向上的实验室文化强调尊重每一个人，相信每一个人，重视每一个人，在这样的氛围中实验室成员的创造性受到持续的激励，从而自觉地将自己的发展与实验室的发展融为一体，增强实验室的活力和竞争力。

4. 正向激励

优良的实验室文化为实验室人员带来正向激励，实验室文化建设是对实验室人员精神进行正向引导的主要方式。科研与检测实验室需秉持工匠精神，将匠人精神发挥于工作当中，保持一丝不苟的态度，具有精益求精、专注、创新、追求卓越的工作态度。高校环境下的实验室，通过建设实验室文化的方式，传授学生创新创业知识，鼓励学生培养创新的精神与创业的勇气，多方位、多角度正向激励师生及实验室员工。

2.3　智慧实验室建设与管理措施

智慧实验室建设与管理措施是实验室安全、平稳运行的保障，是充分发挥实验室功能，提高实验室人员管理效率必不可少的举措。随着信息化的普及，智慧实验室建设与管理措施需要不断更新、与时俱进，才能确保实验室的功能得到充分发挥。区别于传统实验室的建设与管理措施，智慧实验室的建设与管理措施主要有以下特点。

2.3.1　科学和智慧兼具的规划措施

高校的建设与管理活动需在相应科学规划的基础上开展，要确保相应建设与管理活动能够充分联系在一起，形成一个有机整体。因此，各高校需要在"从实际出发"这一原则的指导下，凝聚多方智慧，科学进行实验室建设与管理规划。

大规模智慧实验室规划和设计时，不仅要考虑传统的平面布局、通风、空调、供气、供电、供水以及废气处理等，还要注重科学设计、合理布局以及前瞻性，为实验室智能和智慧化的布局留下足够的空间和容量，增强软硬件的可扩展性。新型现代化智慧实验室的平面布局应规划专门的数据处理区域，用于集中或者分类摆放数据的采集传输和集中处理的硬件设施，便于工作人员技术处理和报告数据，以及可能涉及的人机分离、远程控制等。同时，由于实验室涉及多个网络系统，一般智慧实验室的网络系统至少包括互联网、单位内部网络以及大型设备网络等智能系统的网络布线，有的还涉及智能通风系统以及供电系统的网络等，实验室一定要规划设计足够的网络子系统，留足备用网络端口，以便相关系统的升级换代和新系统的使用。

　　供电和供气是智慧实验室的重点配置,如现在常见的一台质谱仪配几个气体钢瓶,不仅管路连接复杂,更换麻烦,而且很容易出现供气问题,影响仪器的正常运转,从而造成大型实验室样品积压,严重影响检测效率。为了使实验区域更加规范,方便使用,一般在规划设计时会采用集中供电和集中供气模式,特别是大型实验室,有液相色谱串联质谱仪、电感耦合等离子质谱仪等较多的质谱类精密仪器,这些设备不能断电和断气,所以需要在建设时采用集中供电,多气瓶串联自动切换集中供气。

　　智慧实验室在设计时应科学、专门规划,并在楼板承重和排水通风方面进行专门设计,方便使用,确保安全。实验室通风系统的设计是实验室建设的核心和关键,特别是对拥有大型精密检测仪器的实验室,通风系统要能实现不同实验区域的通风风速和流量自动调节,节能减排,室内空气无毒无异味,特别是化学和生物实验室,实验产生的有机、高热、酸碱等废气能够分类集中处理排放,有毒生物能够得到有效控制,不能对周边的大气环境产生影响。全自动控制、变频、远程控制、人机对话等尖端技术在通风废气处理系统上的应用能够实现通风废气处理的自动化和智能化。

2.3.2　高度信息化的管理措施

　　随着计算机网络技术的发展和互联网应用的不断深入,实验室管理工作逐步从人工管理向智能化、信息化管理转变。而信息化作为智慧实验室建设与管理中必不可少的措施,必然在实验室管理中扮演重要角色。实验室管理人员逐渐认识到实验室信息化管理系统建设的重要性,纷纷通过各种方式建设了相应的实验室管理平台。通过实验室信息化管理系统,可以方便地实现耗材的管理、信息的统计、上报审批、采购等;通过实验室信息共享平台,实现大型仪器设备、实验室的预订,提高仪器设备利用率的同时,提高实验开出率。通过实验室视频监控平台,不仅能够实时掌握实验室的基本情况,还可以实时掌握学生实验中的安全问题,可以有效防范相关的安全问题。因此,实验室信息化系统的建设在人才培养、科学管理等方面发挥着重要作用。

2.3.3　科学和高效的资源利用措施

　　传统实验室在资源利用与管理方面效率低下,信息匹配效率低,传播速度慢,并且对外开放程度低,设备周转差。首先,由于实验室设备和实验材料的购置大多是出于专有课题研究的需要,所以设备购置种类较多,实验材料有富余,课题研究一旦完成,实验设备和材料就会闲置,造成设备重复利用率低、实验材料浪费的现象。其次,实验室设备往往具有很强的专业性,导致实验室设备"专人专用"和周转困难的情况,而实验材料也会因闲置过期导致浪费。随着信息化平台的建设与完善,实验室各类资源的真实使用情况能够得到及时反映,能够实现资源信息全程追溯。另外,将高值设备放到网络共享平台上,开放对外预约可提高实验室的开放共享率及设备的使用率,同时解决设备"专人专用"的问题。实验室管理人员可以根据信息化平台提供的数据信息及时了解实验室设备的使用情况,实验教师可以根据信息化平台提供的数据信息及时了解上课及课后学生的实验完成情况,随时了解学生掌握知识情况以及动手实践能力,科研老师也可根据信息化平台提供的数据信息了解开放实验学生实训进程,学生也可根据信息化平台选择自己的自主开放实验时间,自主选择实验内容,全面优化实验室资源的管理与利用,有效提升实验室的使用效率。

2.4　智慧实验室建设与管理关键信息技术

　　党的十九大以来,高校研究中涌现出以科技原始创新和核心攻关为重点的浪潮,伴随着人工智能、智能科技等新一轮科技革命的到来,互联网技术、物联网技术、大数据技术等飞速发展,智慧家庭、智慧校园、智慧医院层出不穷。高校实验室担负着人才实践能力、创新能力和科研能力培养的重任,全面实现智能教学、智能研究、智能管理、智能安全于一身的智慧实验室的建设已成为高校实验室发展的必然趋势。智慧实验室是以"互联网+"为基础,采用先进的信息化技术(物联网技术、人工智能、大数据和云计算、虚拟现实和增强现实等技术手段),结合实验室的软硬件管控设备,实现对实验教学、科学研究、实验室安全、学生创新创业活动、校企联合等全方位多层次的实验室管理,从而实现各类信息的收集、传递、分享,实验物资的购买、存储和调用,废弃物的处理、监管和运输,实验室的安全监控、预警和防护等多方面的功能。

2.4.1　互联网技术

　　互联网技术是指在计算机技术的基础上开发建立的一种信息技术。互联网技术通过计算机网络的广域网使不同的设备相互连接,加快信息的传输速度,拓宽信息的获取渠道,促进各种不同软件应用的开发。

　　中国互联网从 1987 年到 2015 年的发展历史,根据其特征基本上可以分为引入萌芽期、初步探索期、高速发展期三个阶段。

1. 引入萌芽期(1987—1994 年)

　　20 世纪 80 年代是国际互联网发展的关键时期。世界上首台自动分发域名的 DNS、万维网等被发明出来。中国也是在这一时期寻求向国际互联网接入,初期主要是从高校或研究机构的学术应用角度出发加以推动的,以电子邮件交流为主。1986 年 8 月 25 日,中国科学院高能物理研究所通过北京 710 所一台 IBM-PC 机,向欧洲发出一封邮件,是中国迄今为止第一封从境内发出的电子邮件。1987 年,中国兵器工业计算机应用研究所在德国 Werner Zorn 教授的帮助下,建成中国第一个电子邮件节点,正式拉开了中国使用互联网的序幕。1993 年,国家正式提出"三金工程",提出要建设中国的"信息准高速国道",互联网基础设施建设正式从国家层面启动。1994 年 4 月 20 日,在多方努力下,中国计算机与网络设施(NCFC)工程接入互联网的 64K 国际专线开通,标志着中国全功能接入国际互联网。

2. 初步探索期(1994—2002 年)

　　第一,网络基础设施建设不断完善。国家四大互联网主干网从 1994—1996 年纷纷确立,并于 1997 年实现互联互通,随后中国公用互联网骨干网二期工程进一步对 8 个大区带进行升级。截至 1997 年 10 月 31 日,中国已有上网计算机 29.9 万台以及 62 万上网用户和大约 1500 个 WWW 站点。第二,互联网创业初潮涌起。北京瀛海威科技有限责任公司是中国最早进军网络基础设施建设的民营企业。1996—1999 年,新浪、搜狐、网易等重要门户网站纷纷成立,1999 年,中华网在美国纳斯达克上市并融资 8600 万美元,迅速掀起了其他重要门户网站的上市热潮。至 2000 年中国 WWW 站点飞涨到 265 405 个。第三,互联网浪潮经历泡沫洗礼。互联网盈利模式尚不成熟,上市初期受到风险投资的高度关注,大量资金涌入。2000 年纳斯达克指数突破 5000 点,至 2002 年滑落到仅为 1108 的最低点。大量的互联网公司被并购或倒闭。中国不断探索寻找发展出路。

3. 高速发展期(2002—2015 年)

第一,移动互联网占据主导地位。随着互联网快速普及,以及 3G、4G 通信网络建设覆盖率快速增加的推动,移动互联网发展远超预期,迅速占据网络主导地位。2015 年中国手机网民数量已达 6.19 亿。移动支付购物交易总额占整体网络零售交易总额比例已超半数。2016 年中国移动支付交易规模则进一步升至 85 000 万美元,是美国同期 70 倍以上。第二,互联网成长为主流媒体。依托于网络基础设施建设不断完善,互联网对消息的快速获取和即时传播、即时通信功能日益强大,极大地改变了人们了解世界、认知他人以及展示自己的方式和速度。2008 年北京奥运会在历史上首次将互联网、移动平台纳入传播体系。互联网在提高国家治理能力现代化中扮演重要角色。帮助“阳光政府”建设,提高政府工作效率,推进简政放权;在建设“服务型政府”和强化社会监督方面作用显著。第三,消费互联网发展至顶峰。中国互联网企业在探索中逐步形成了较为稳定可持续的盈利模式。通过提供即时的高质量内容和有效的信息服务获得流量,再通过流量变现形成完整的产业链条。依托于发达的各类互联网终端,以消费为主线的互联网快速渗透到广大消费者生活中的方方面面,电子商务、社交媒体、搜索引擎等各类互联网企业呈现规模化发展。中国网络和移动购物交易规模从 2011 年到 2015 年增长了 4.75 倍,但增长率从 70.2% 下降到 36.2%。第四,中国互联网在全球影响力凸显。中国政府一直坚持网络强国战略,取得了显著成效。2008 年中国网民和宽带接入数量超过美国。截至 2015 年年底,中国网民数量达到 6.88 亿,互联网普及率 50.3%。互联网、宽带用户接入规模均居全球第一位。电子商务交易额达到 217900 亿元,位居全球第一位,同年阿里巴巴、腾讯、百度、京东 4 家互联网企业进入全球互联网公司 10 强。中国互联网经济规模在整体 GDP 中占比全球领先。

建立以互联网技术为基础的智慧实验室,可使实验室资源得到充分优化利用,使学生学习的时间和空间得到延伸和拓展,为师生乃至社会科研人员提供便利有效和丰富多彩的自主实验环境,为实验室管理人员科学、规范、高效地管理提供更好的平台。目前,互联网技术主要应用于智慧实验室以下几个部分:

1. 智慧实验室的教学平台

实验室是完成实验教学和实践教学的主要场所,智慧实验室的实验教学活动融入了互联网强大的线上教学功能和线下教学辅助功能,以及选课、预约、核查、成绩统计等课程管理功能,既可帮助实验室教师轻松地完成实验教学,也可使学生更有效地进行学习。

实验室在构建信息化平台中能够将教学过程信息化、便捷化,实现教学资源的最大限度利用,同时将各种教学活动一体化,并同其他管理活动融合起来,组合成一套高效的管理系统,使教学成果能够完整地展现出来,并为后续的教学开展打下基础,促进教学方法的不断完善。

2. 智慧实验室的科研平台

高校科研平台是科学研究工作的重要载体,担负着为科研提供测试和分析的重要职责,是人才培养、科学研究的重要实验基地和公共服务平台。教育部办公厅下发的《关于加强高等学校科研基础设施和科研仪器开放共享的指导意见》(教技厅[2015]4 号)中指出:"合理配置资源,提高效率。有力促进高等学校统筹管理现有科研设施与仪器,合理布局新增科研设施与仪器,避免重复建设和购置,杜绝闲置浪费现象,切实提高科研设施与仪器的利用效率和效益。"运用互联网技术构建的智慧实验室的科研平台能够解决实验仪器开放共享率低、科研设备重复购买等问题。同时,互联网使得各种平台除了承担本科生的实验教学工作,还可进行各种科研工作,如研究生的测试、大学生创新实验、开放实验等。

3. 智慧实验室的培训平台

培训平台的任务主要是对进入实验室人员进行相关的实验知识培训,培训内容包括设备使用、安全培训和实验废弃物处理等。培训系统也是学生进入实验室准入系统的第一步,学生只有完成了所有培训内容并且考核合格之后才能申请进入实验室。智慧培训系统的功能还包括新进设备的使用教学、安全知识的再培训、实验人员的信用记录等。当有新进设备需要培训时,系统会自动推送给没有经过培训且需要使用该设备的实验人员。此外,还可对未经过培训或者出现违规操作的实验人员进行禁用设备的指令,降低实验事故发生的概率。

4. 智慧实验室的管理平台

智慧实验室的管理平台包括人员管理、设备管理、耗材管理和环境管理等几个部分。人员管理是将实验教师和可参与实验指导的教师建成人才库,使其信息在线,方便对学生的辅导;设备管理可将设备的操作方法、状态、使用注意事项等制成设备库,方便操作人员的工作;耗材管理系统将药品的在线采购、管理及危险品的申请、购买和管理纳入其中;智慧实验室的日常环境管理采用 6S 实验管理体系,将整理、整顿、清扫、清洁、修养和安全等六大要素纳入日常实验室管理和实验教学。借助 6S 管理,规范实验人员行为,使之养成良好的实验习惯,建立安全意识,提高职业道德素养,保证安全实验,杜绝事故隐患。同时,也以此来保证实验、科研等工作的正常进行。

5. 智慧实验室的安全平台

实验室安全至关重要。首先,在智慧实验室的准入培训中,设置安全培训内容,学习安全管理的规章制度、危险评估方法、危险情况处理方法,帮助学生树立安全意识,学生须经过学习并考核合格后才有资格进行实验。严格的管理是实验室安全的保障,针对各实验室的特点制定安全管理条例,学生实验过程在监控系统的监控下进行,一旦出现违规行为,将立刻停止实验,情节严重者会取消实验资格。另外,智慧实验室设置监测报警和联锁保护系统,进行危险气体、温度、湿度、密封容器内压力等在线监测。监测数据超出规定范围时,将进行现场和远程报警,联锁保护系统也会采取自动切断电源,温度超过限定值时,自动启动喷淋系统,及时降温或控制火情。总之,智慧实验室通过教育、管理和智能控制等三重保障来保证实验室安全。

2.4.2　物联网技术

物联网技术是互联网的延伸与外拓,通过信息设备传感器,借助互联网技术,将物体信息进行传播与交换,实现智能化识别、定位跟踪、监管等功能。物联网技术借助 RFID 技术、传感器技术、嵌入式系统技术等,对物体进行动态信息采集,并将信息通过互联网传输到计算机终端,借助计算机对物体的有关信息和数据进行加工处理,实现物与物之间的信息沟通与互换,达到智慧控制的目标。

实验室智慧化的实现需要建立能够全面化、智能化感知实验室各种信息的服务平台,以物联网技术为依托,结合信息化技术,实现实验室设备之间的互联以及管理人员和实验室设备之间的互联等,达到智能化、安全化、可视化管理实验室的目的。实验室智慧化实现了实验室、物联网和智能设备之间的有机融合,以实现实验室管理系统的创新性、开放性和协作性为目标,能够有效帮助学生和实验室其他人员快捷获取信息资料,提供良好的学习和实验氛围,分析整合信息资源并加以利用。

目前,物联网技术在高校实验室中得到广泛应用。例如,在高校土建工程专业实验室的设备仪器管理上,一所普通的本科院校仅土建工程专业的实验设备仪器就上千件,依靠人力对每台设备仪器进行日常维护与管理,将耗费较大的人力与财力,而通过物联网技术建立智慧实验室,利用各类传感器采集实验室设备仪器的基础数据,实现智能化的设备出入库管理、远程设备仪器故障诊断、设备仪器日常维护等,从而提高实验室资产的管理效率和利用效率。有研究者利用物联网技术、ZigBee 网络和 PHP＋Apache＋Mysql 框架设计并开发了一款面向高校的智慧实验设备管理系统,该系统具有实验室温湿度实时监控和警示功能,能够实现实验室设备的实时盘点和库存控制,具有实验设备借用和返还在线办理功能,能够帮助高校更科学、规范、安全地管理本校专业实验室,有效提升了高校实验室管理技术和水平。还有以物联网为基础的实验室安全监管系统,实现了实验室高度自动化管理,及时有效地自动处理实验室突发状况,减少意外事件的发生,保障实验室人员的人身财产安全。该系统可根据实验室需求配置不同的功能模块,将影响实验室安全的因素全部纳入系统检测、报警及自动控制范围,保障实验室运行安全,提升了实验室安全管理的质量及效率,降低了安全监管成本。

实验室开放是实验室管理难题中的难题,多种多样的实验项目,纷繁复杂的流动人员等因素导致实验室运营难度和管理难度剧增。但随着物联网技术与高校教育的不断融合,物联网已在智能校园、智慧校园建设中得以广泛运用,而将物联网运用于开放实验室的建设也初显成效。物联网技术能够有效地解决开放实验室的运营和管理难题,也为高校的信息化管理带来新机遇。目前,智慧化教育发展模式已经成为教育信息化发展的必然趋势,如何合理、有效地运用物联网技术建设高校智慧型开放实验室,为高校学生的实验研究提供良好的研究环境,是高校实验室管理人员需要重视的问题之一。

2.4.3　人工智能

我国《人工智能标准化白皮书(2018)》中给出了人工智能的定义:"人工智能是利用数字计算机或者数字计算机控制的机器模拟、延伸和扩展人的智能,感知环境、获取知识并使用知识获得最佳结果的理论、方法、技术及应用系统"。

随着中国 AI 行业的高速发展,相关产业对技能型、应用型人才培养产生了迫切需要,高等院校积极发展 AI 学科教育,为我国 AI 行业发展和创新驱动战略培育带来了更多优秀人才。为引导中国人工信息产业的进一步发展,国务院、工信部、教育部等有关国家机构密集发布了一些指导意见、文件和政策措施。为落实国家《新一代人工智能发展规划》,为产业、行业发展培育更多优秀的 AI 技术应用型专业人才,有关企业将根据自己在大数据分析、AI 技术等方面的积淀和行业资源优势,助力学校和学院在原有基础上进一步扩大新一代 AI 学科课程,进一步促进 AI 教学与计算机科学技术、信息、数学等学科专业知识教育的交汇融合发展,培养更多优秀大数据分析、AI 技术应用型专业人才,进一步增强学生的实际动手能力,进一步提高学院计算机与相关专业学生的就业实力。

然而,目前 AI 运用于智慧实验室仍然处于起步阶段。基于 AI 特点,想要实现 AI 在实验室的应用,必须考虑以下三大要素,即计算能力、训练数据集、算法和框架。

AI 计算的第一个要素是计算能力。据统计,AI 训练过程中所使用的计算力每 3.43 个月便会增长一倍,这个规律也被称为"AI 计算的新摩尔定律"。这对智能计算实验室计算能力的设计提出了不小的挑战。不但要满足现有算法所需的算力,而且还要考虑未来的进一步扩展。AI 计算的第二个要素是训练数据集。由于 AI 算法大多属于监督式学习算法,需要从一些输入数据集中训练出模型,因此,提供了标注信息,并具有一定普适性的训练数据集就显得尤为重要。有代表性的数据集有鸢尾花分类数据集(Iris dataset,IRIS,是一类多重变量分析的数据集。通过花萼长度、花萼宽度、花瓣长度、花瓣宽度 4 个属性预测鸢尾花卉属于这三个种类中的哪一类)、手写体识别数据集(modified national institute of standards and technology,MNIST,一个大型数据库的手写数字,通常用于训练各种图像处理系统。该数据集还广泛用于机器学习领域的培训和测试)、图像数据集、人脸数据集、语料库、垃圾邮件语料库、建筑图片库、视频库等。AI 计算的第三个要素是算法和框架。由于深度学习计算在 AI 领域取得了非常好的应用效果,因此目前深度学习计算已成为 AI 算法的代名词。深度学习算法大多是建立在卷积神经网络(convolutional neural networks,CNN)的基础上,只是产生的模型在层数上、每层的宽度和参数上存在差别,算法通常和具体的应用领域关联,如图像分类、目标检测与识别、图像的语义分割、图像生成、自然语言处理、视频动作捕捉、时间序列预测等。大多经典算法是在 2012 年 Alex Net 之后引发的 AI 热潮后出现,如视觉几何组(visual geometry group net,VGG Net)等算法,此外,还有新出现的深度卷积生成对抗网络(deep convolution generative adversarial networks,DCGAN)等生成对抗神经网络(generative adversarial networks,GAN)算法。当前流行的深度学习框架有 Tensor Flow、Caffe、Paddle Paddle、MXNet、Theano、CNTK、Deep Learning4J、Torch 和 Py Torch 等。根据 Git Hub 的统计,目前使用人数和贡献人数最多的深度学习框架是 Tensor Flow,主要是因为其接口语言种类最丰富;接下来是 Caffe,其新版本 Caffe2 更加精简和实用;排第三位的是 Py Torch,主要得益于对 Torch 底层做了优化修改并且开始支持 Python 语言;排第四的 MXNet，其有着很好的分布式支持，而且占用显存低，且有丰富的语言接口；排第五的 CNTK，其在微软体系比较受欢迎，虽然也开始提供 Python 支持，但语言多采用 C++/C♯；Deep Learning4J 因其独特的对 Java、Spark 及 Hadoop 生态的支持占据第六的位置；而百度的 Paddle Paddle 以其工业化级别应用、优异的性能、完整的生态、良好的社区活跃度异军突起，取得了不错的成绩。从增长性来看，Py Torch 的上升速度远高于其他框架，而 Paddle Paddle、MXNet、Deep Learning4J、Caffe2 也都有超过 50％的增长。

目前高校实验室在 AI 应用方面一般从以下三方面考虑。

1. 智能化的实验室管理控制系统

安装感应式身份识别系统是高校实验室不间断运行的前提条件。原有读卡式门禁系统是目前高校实验室普遍采用的身份识别系统，包括读卡器、感应卡、门禁控制器、通信转换器、计算机管理软件、开门按钮、电锁、消防联动及报警扩展、电源等。实验人员只需通过授权的校园"一卡通"，即可进入实验室。经管理人员在教学时段或预约时间内授权，实验人员方可进入，管理系统软件同时会自动登记进入人员名单和出入时间。随着人脸识别系统技术的完善，读卡式门禁系统逐渐被人脸识别门禁系统取代。人脸识别门禁系统只需输入使用者身份信息，通过人脸识别即可进入实验室。而使用者身份信息可直接与学校人员信息系统相连，这样可以避免校园卡的丢失、损坏及相互借用等造成的不便。此外，感应式身份识别系统可以应用于大型仪器的使用。通过身份识别系统，联动仪器电源控制器，接通仪器电源。计算机软件可以及时记录使用者详细信息、仪器使用状态和时间等。远程视频监控系统由摄像头、语音提示器、通信模块和管理服务器等组成，用于实验室须知提醒、远程指导和监督、教学质量检查等，还可以提供教学实践回顾。

2. 高校实验室智能管理软件系统

建立实验室资源管理软件系统，可以提高实验室资源管理效率，其中包括：实验仪器分类和档案建立，教学实验和承担项目信息，低值易耗品的存储、消耗信息，实验室管理人员相关信息等。

3. 构建示范中心资源共享平台

示范中心资源共享平台的建设，不但使有限的优质实验教学资源得到充分利用，而且可以使不同专业、不同学科的科研人员取长补短、相互交流、增进感情，学生也可以有机会在不同实验室学习，提高实验技能。可参与共享的资源包括：仪器设备、师资队伍、教学方法和管理制度等。共享平台的实现依托中心与中心之间、学院与学院之间的资源整合。通过建立示范中心开放、示范中心管理、仪器设备、实践教学等模块，对共享平台资源进行管理。将各中心实验室管理控制系统和智能管理软件系统的权限进行合理分配，可以最大限度地整合学校实验教学资源。

2.4.4　大数据和云计算

大数据是一种规模达到在获取、存储、管理、分析方面大大超出传统数据库软件工具能力范围的数据集合，具有海量的数据规模、快速的数据流转、多样的数据类型和价值密度低四大特征。大数据技术伴随着云计算而发展，并依托云计算的分布式处理、分布式数据库和云存储、虚拟化技术，利用云计算对大数据进行分布式数据挖掘，将含有意义的数据进行"加工处理"，成为有用数据。

现如今高校越来越重视大数据在实验室建设和管理中发挥的重要作用，例如，在高校土建工程实验室智慧化建设过程中，可以运用大数据技术对实验室的规划建设信息、设备仪器参数信息、实验室开放信息、实验室的消防安全管理信息及学生与教师的个人信息等进行管控，实现实验室的规范化与信息化管理。实验室中基于大数据的运用，包括可视平台、安全分析与预警等。

在高校实验室大数据可视化平台设计、功能实现过程中，借助 Hadoop 分布式数据监测与处理框架、Storm 集群服务架构，以及 HBase、Kafka、MySQL 等系统组件，构建起用于不同专业实验设计、实验室管理的信息化系统，进行不同在线实验的问题创建、数据资源搜集整合，将多种实验数据、实验执行流程以可视图、图表的方式呈现，以满足教师、学生等用户群体的在线实验课程需求。

采集各种教学数据和实验室管理数据，包括学校的设备采购数据、专业设置数据、教学计划、课程表、实验教学资料、实验室预约、实验报告书、实验成绩等；运用大数据处理技术，采用数据过滤、数据清洗、数据挖掘等技术，分析挖掘各类数据信息，综合应用计算机科学和统计学等学科的理论和技术解决教育研究、教学实践、实验室运行和管理等问题，辅助管理人员分析教学质量、实验室安全状况以及做出相应决策，同时可帮助教师改进课程及提高学生的学习效率。管理者在大数据的辅助下，有针对性地制定管理模式和实验教学模式，因材施教，给学生带来较好的教学体验，构建全新的实验教学和管理模式，同时为实验器材采购、实验室评估及实验室建设等实现全面控制、管理和决策提供有力的数据支持。

大数据与云计算的关系在技术层面犹如一枚硬币的正反面，互相关联，密不可分。大数据的特色在于对海量数据进行分布式数据挖掘，仅仅单台计算机无法对大数据进行处理，它必须依托云计算的分布式处理、分布式数据库和云存储、虚拟化技术才能够实现。结合云计算技术和大数据技术后的智慧实验室不仅能够对实验室网络进行统一管理，而且可以实时记录并存储实验教学情况或实验设备使用情况的相关数据，对这些数据进行全面分析，通过分析结果进一步优化实验室管理方案和教学计划，既能提升实验教学的效率，又能使实验室系统的运算速度得到提升，便于实现数据共享，一举多得。

云计算技术就是以网络为载体，运用分布式数据存储技术、服务器虚拟化技术，把计算设备与存储设备上的资源整合起来，按需获取计算力、存储空间，实现资源共享。"云"（提供资源的网络）中的资源允许根据所需进行扩展，依据用户的使用来付费。基于云计算技术的智慧实验室管理系统是结合云计算平台的特点而设计的，云计算中的 Hadoop 和 HDFS（Hadoop distributed file system，Hadoop 分布式文件系统，是 Hadoop 生态系统的一个重要组成部分，是 Hadoop 中的存储组件，在整个 Hadoop 中的地位非同一般，是最基础的一部分，因为它涉及数据存储，许多计算模型都要依赖于存储在 HDFS 中的数据。HDFS 是一个分布式文件系统，以流式数据访问模式存储超大文件，将数据分块存储到一个商业硬件集群内的不同机器上）技术，实现了对实验室进行网络化统一管理。其中，系统的运算速度、资源利用率、存储容量得到大幅度提高，不同校区、不同楼宇的实验室之间实现了事务审核、数据共享和业务办理。

随着高校对实践教学的重视和实验室教学设施投入呈扩大趋势,实验室管理工作变得繁重而复杂,存储的数据量巨大却又受限于还原卡的保护。而云计算技术的快速发展以及在各个领域的优势,是实验室管理模式的一个改革方向,能够有效提升实验室的功能和管理效率,满足人们对实验的多种要求。吴伟娜等提出"旧机"本地操作系统＋云存储的教学环境改造方案,解决了原有还原卡保护方式的烦琐存储管理问题,教师和学生又能够随时调用之前进行云存储的数据和结果,满足实验室日常的高效管理和教学活动的顺利开展,为实验教学根据本地系统的性能和教学环境要求进行选择提供一种借鉴方案,大大改善了实验教学环境。

2.4.5　虚拟现实和增强现实

虚拟现实(virtual reality,VR)技术的定义,目前尚无统一的标准,有多种不同的定义,主要分为狭义和广义两种。所谓狭义的定义,认为 VR 技术就是一种先进的人机交互方式。在这种情况下,VR 技术被称为"基于自然的人机接口",在 VR 环境中,用户看到的是彩色的、立体的、随视点不同而变化的景象,听到的是虚拟环境中的声响,手、脚等身体部位可以感受到虚拟环境反馈的作用力,由此使用户产生一种身临其境的感觉。换而言之,也就是说人以与感受真实世界一样的(自然的)方式来感受计算机生成的虚拟世界,具有与真实世界中一样的感觉。所谓广义的定义,认为 VR 技术是对虚拟想象(三维可视化的)或真实的、多感官的三维虚拟世界的模拟。它不仅是一种人机交互接口,更主要的是对虚拟世界内部的模拟。人机交互接口采用虚拟现实的方式,对某个特定环境真实再现后,用户通过自然的方式接受和响应模拟环境的各种感官刺激,与虚拟世界中的人及物体进行思想和行为等方面的交流,使用户产生身临其境的感觉。

现阶段,研究者为了探索 VR 技术在实验室中的运用,优先选择了与 VR 技术特点最具匹配性的消防安全教育领域,研究多模态交互机制,探索基于 VR 技术的面向消防安全教育的在线平台,开发了校园火灾逃生虚拟教学系统软件,意在针对火灾逃生的演练。该技术让使用者的感受更真切,就像身临其境,有助于使用者学习到火灾逃生的要领及技巧。更重要的是 VR 作为消防安全教育的教学辅助工具,它所具有的仿真性、开放性、针对性、自主性、安全性和节约性是传统消防安全教育方法无法比拟的。虚拟演练环境是以现实培养演练环境为基础搭建的,操作规则同样立足于现实中实际的操作规范,旨在营造真实感与沉浸感。与现实中的真实安全演练相比,虚拟仿真训练可随时进行多次重复演练,体验者始终处于安全教育的主导地位,掌握安全教育主动权。虚拟演练的另一大优势就是可以方便地模拟任何培训科目,借助 VR 技术,受训者可将自身置于各种复杂、突发环境中,从而进行针对性训练,提高自身的应变能力与相关处理技能。作为培训中重中之重的安全性,虚拟的演练环境远比现实中安全,培训与受训人员可以大胆地在虚拟环境中尝试各种演练方案,即使因不当操作造成事故,现实之中也不会造成恶果,而是将这一切放入演练评定中,作为最后演练考核的参考。

增强现实(augmented reality,AR)技术是指透过摄影机影像的位置及角度精算并加上图像分析技术,让屏幕上的虚拟世界能够与现实世界场景进行结合与交互的技术。这是一种将虚拟信息与真实世界巧妙融合的技术,广泛运用多种技术手段,将计算机生成的虚拟信息模拟仿真后,映射到真实世界中,实现虚拟物体和真实环境实时叠加到同一个视觉空间,两种信息互为补充,从而实现对真实世界的"增强"。目前 AR 有两种通用定义,一种是由北卡罗来纳州立大学教授罗纳德·阿祖玛(Ronald Azuma)于 1977 年提出的,包括三方面的内容:真实世界和虚拟世界的结合;实时交互;虚拟物体和真实物体的精确 3D 配准。另一种是 1994 年保罗·米尔格拉姆(Paul Milgram)和岸野文郎(Fumio Kishino)提出的现实-虚拟连续系统。他们将真实环境和虚拟环境分别作为连续系统的两端,位于它们中间的被称为"混合实境"。其中靠近真实环境的是 AR,靠近虚拟环境的则是扩增虚境。

当前高校物理实验教学中,通过引入 AR 等虚拟仿真实验技术,以虚拟形式给学生更多地使用实验装备,尤其是使用那些高精尖设备的机会,并容易实现在实验室不易开展的实验情景和条件,增强实验资源对课内课程、课外实践的支撑力。同时,虚拟仿真实验可以不受实验室开放时间、地点及实验次数的限制,可为学生提供更加灵活的实验环境和课程安排,同时降低耗材与运维成本。而且,通过虚拟操作,学生更加准确理解实验原理和实验内容,并可进行设计性实验,实现学生的差异化培养,落实"以学生为中心"的教育理念。

总的来说,VR 和 AR 技术运用于智慧实验室中具有以下优势:

(1) 基于 VR/AR 的实验室安全教育没有时间和地点限制,只要具有相应的软硬件条件即可实施;

(2) 基于 VR/AR 的实验室安全教育过程互动性好,学生的接受程度高,教育效果相比传统方法具有一定优势;

(3) 显著降低了实验室工作人员的劳动强度和实验耗材的使用成本,且被培训者可根据需要进行定期培训巩固效果;

(4) 不便进行实践训练的项目,如火灾逃生、化学撒漏等,可通过虚拟现实的方法进行培训;

(5) 实验室安全教育效果实时反馈:通过 VR 中被培训者的表现,可以及时对安全教育效果进行评价,并对教育方法进行改进。

2.4.6　数字孪生技术

"数字孪生"是对英文"digital twin"的一种翻译,同时还有翻译为"数字镜像""数字映射""数字双胞胎""数字孪生体"等,从内涵上都是指"digital twin",为同义词。"数字孪生"为普遍接受的翻译,顾名思义,数字孪生是指针对物理空间中的"实体",通过数字化手段在虚拟空间中创建一个物理实体的虚拟模型。借助数据模拟物理实体在现实环境中的行为。借此来实现对物理实体的了解、分析和优化,通过虚实交互反馈、数据融合分析、决策迭代优化等手段,为人类的生产制造活动提供新的时空维度。与"实体"对应,采用数字孪生技术创建的虚拟模型也称为"虚体"(数字孪生体)。

目前数字孪生技术在智慧实验室中的应用一般是基于数字孪生技术的实验设备孪生体,包含有实验设备相关设计元素的信息,如一维至多维几何模型,系统、子系统、模组、部件的工程模型,各类工艺、元器件等,电子、电气、机械、材料、热学等多学科的仿真模型、软件与控制系统模型等。它可以在设计阶段预测设备的各项物理性能及整体性能,并在数字环境中对其进行实时或准实时的调整及优化。对于广大理工类专业而言,实验室提供了各种工具及实验平台,但是对于产品的实际形态、功能、运行状态等并非即时反馈,往往要经历漫长的等待过程,同时,对于设计上的各项改动会带来什么样的结果,往往也只能依靠静态仿真或实验,甚至经验去获得,对于产品实际运行中遇到的各种复杂问题几乎无预判和反馈。诸如此类问题层出不穷,也导致传统实验室在漫长的设计、实验周期中,在多数情况下处于非透明化状态。而基于数字孪生技术的实验设备可对其数字孪生体施加并测试各种工作场景下的数字化工况条件,进行虚拟测试和反复迭代,这在传统实验室中几乎不可能实现。以物联网专业为例,对于高度复杂的物联网终端“机电软”一体化设备,从全生命周期的系统设计管理角度而言,可以在实验室中通过构建产品的数字孪生模型,并通过数字孪生技术的应用助力产品的研究与转化,指导学生如何以更少的成本和更快的速度将创新技术推向市场,“走出”实验室。由于物联网产品数字孪生涉及工、理、医、化等多个学科的交叉和融合,需要综合利用单物理场仿真和多场耦合仿真,具有典型的多学科性,所以运用数字孪生技术,能够对产品进行设计优化、迭代和改进,还可以构建精确的综合仿真模型动态分析实际产品的性能,最终实现创新。数字孪生体并不仅仅是一个静态模型,而是一个契合实际过程的动态模型,它会随着实体孪生双胞胎数据的产生而不断演化,有利于学生的学习及教师开展教学科研等相关工作。此外,对如何缩短从实验室到产品化的开发周期,如何从系统的角度全生命周期地管理设计开发,如何综合运用各学科知识协同设计等的思考,均具有十分重要的现实意义。

近年来大热的元宇宙概念也跟数字孪生技术有密切关系。元宇宙的英文是 Metaverse,它是由 meta 和 universe 组成的一个新词汇,指的是超越现实宇宙的另一个宇宙;是将现实与虚拟的融合,用户可以在虚拟空间中进行现实世界中所包含的各种活动。元宇宙不宜称为新技术,而是 IT 新技术的综合运用。技术的进步与发展,将为元宇宙的实现和应用奠定坚实的基础,同时元宇宙的发展也会促进现有技术的迭代升级。清华大学新闻与传播学院新媒体研究中心发布了一份《2020—2021 年元宇宙发展研究报告》,报告中给“元宇宙”下了一个较为规整的定义:“元宇宙”是整合多种新技术而产生的新型虚实相融的互联网应用和社会形态,它基于扩展现实技术提供沉浸式体验,基于数字孪生技术生成现实世界的镜像,基于区块链技术搭建经济体系,将虚拟世界与现实世界在经济系统、社交系统、身份系统上密切融合,并且允许每个用户进行内容生产和世界编辑。

元宇宙最早出现在 20 世纪 90 年代一本名叫《雪崩》的科幻小说中,书中有一个设定,是现实人类与虚拟人共同生活在一个虚拟空间中。2003 年 Second Life 游戏的横空出世,改变了人们对虚拟游戏的认知,它将虚拟游戏与虚拟世界编辑、虚拟经济相结合,实现了在游戏中进行社交、购物、建造、经商,引起了当时各方追捧,既有 IBM、CNN 这些企业层级,也有瑞典、西班牙这些国家层级。2018 年一部名为《头号玩家》电影,通过电影直观表达了元宇宙时代,让资本和大厂进一步认识到了“元宇宙”的价值,认为是互联网进化的未来,元宇宙因此爆火,成为一个新的增长极。中国通信工业协会区块链专委会轮值主席于佳宁指出“元宇宙是未来互联网升级的重要方向。本质上来说,元宇宙可以实现数字与现实的‘五大融合’,即数字世界与物理世界的融合、数字经济与实体经济的融合、数字生活与社会生活的融合、数字身份与现实身份的融合、数字资产与实物资产的融合”。2021 年是元宇宙的元年,由于过去两年在疫情影响下,人们加速了对虚拟世界的需求,各种在线课堂、在线办公平台快速发展,数字世界、数字生活、数字经济、数字身份、数字资产快速融入人们生活,以往短期的线上生活已经成为常态,人们在现实生活中大范围地向虚拟世界迁移,实现了现实与虚拟世界的平行栖息,这为元宇宙的发展带来了契机,可以说 2021 年元宇宙的大发展有着天时、地利、人和的前提条件。

元宇宙既不是电子游戏,也不仅仅是虚拟世界,它是一种虚实相融的互联网应用,是一种虚实相融的社会形态,是由多种新技术整合而形成的。通过数字孪生技术、物联网技术,实现了生存环境的拓展,将现实世界和虚拟世界相融合构建综合环境;通过交互式技术,提供沉浸式体验,实现了感官的拓展,将现实视、听、触感官和虚拟视、听、触感官相融合构建综合感官;通过区块链技术搭建经济系统,实现经济维度的拓展,将现实经济与虚拟经济相融合构建综合经济;通过身份的统一认证,实现了用户在这个虚实相融的环境中进行学习、工作、交友、购物、旅游等。所以,元宇宙本质上是对现实世界的虚拟化、数字化过程,需要对内容生产、经济系统、用户体验及实体世界内容等进行大量改造。但元宇宙的发展是循序渐进的,是在共享的基础设施、标准及协议的支撑下,由众多工具、平台不断融合、进化而最终成形。它基于扩展现实技术提供沉浸式体验,基于数字孪生技术生成现实世界的镜像,基于区块链技术搭建经济体系,将虚拟世界与现实世界在经济系统、社交系统、身份系统上密切融合,并且允许每个用户进行内容生产和世界编辑。元宇宙关键技术主要包括:数字孪生技术、区块链技术、交互技术、5G 网络技术、云计算技术、AI 技术、物联网技术。从概念、技术和应用的角度出发,数字孪生和元宇宙貌似有很多相同点,但又不太一样,主要表现在以下几点:

(1) 元宇宙相对于数字孪生持久性更长,元宇宙的概念更广。如果说数字孪生是与其真实的事物本体共存,那么元宇宙将与人类文明共存,永远存在。

(2) 元宇宙完全去中心化。数字孪生可以是企业孪生、园区孪生、城市孪生,它最终会有一个中心,它的制定权、解释权可以属于某个企业或城市。但未来的元宇宙,不再属于也不能属于某个企业或者国家,必须通过一个开源共享协议来共同维护,而这协议和规则的制定权、解释权不属于任何一方,元宇宙的存续不受任何企业或国家的外力影响。

(3) 元宇宙与现实世界协同进化。数字孪生是与物理实体之间实时连接、动态交互的关系,是物理实体对孪生体的实时映射。而元宇宙是从虚拟与现实世界的真实个体,到两个世界的群体,再到两个世界的人类命运共同体,都需要相互连接、相互影响、协同进化。如果说元宇宙构建分为三个阶段,那么数字孪生就是第一阶段,也就是说数字孪生是元宇宙构建的基础,是元宇宙真正的核心。

元宇宙的许多方面都在不断涌现,支持沉浸式用户体验和其他潜在元宇宙概念的技术也在不断发展。当前支撑元宇宙的关键技术主要包括扩展现实(extended reality,XR)、先进无线通信技术(5G/6G)和区块链。

1. XR

XR 是 AR、MR、VR 等技术的统称,通过计算机将真实与虚拟结合,打造的一个可人机交互的虚拟环境。通过将三类视觉交互技术相融合,为体验者带来虚拟世界与现实世界之间无缝转换的"沉浸感"——沉浸式用户体验。

AR 即物理环境和数字对象的重叠。AR 技术主要根据现实世界环境为用户展示信息,是用户对物理世界感知的增强而非替代,如在用户视频或图像中过滤重叠的预设数字效果。

混合现实(mixed veality,MR),即物理环境和数字环境混合的环境。除了对物理环境进行数字投影,MR 技术允许用户与数字和物理对象进行交互。与 2D 展示相比,MR 可以为用户提供更加自然、动态的数字对象可视化。

VR 完全沉浸式的数字环境,可以创建沉浸式、3D、计算机生成的人工环境,VR 使用逼真的声音、图像和其他数字表示替换了用户的物理现实,如将用户置于游戏虚拟世界的视频游戏。与 AR 和 MR 不同,VR 并不融合用户真实的物理环境。

2. 5G 和下一代无线通信技术(6G)

5G 和下一代无线通信技术(6G)可为元宇宙提供所需的高带宽、低时延的互联网基础设施。4G 无线通信技术已经无法满足元宇宙所需的带宽、延迟、可靠性,而 5G 和下一代无线通信技术可有效支持数据密集型的元宇宙应用。

5G:国际电信联盟(ITU)的数据表明,5G 技术峰值下载速率可到 140Gbit/s,峰值上传速率可到 65Gbit/s。据第三代合作伙伴计划(3GPP)数据显示,支持 AR/VR 应用的 5G 系统端到端延时要求控制在 5~10ms,且数据上传、下载速率不小于 10Gbit/s,网络传输可靠性应达到 99.9%。

6G:6G 是 5G 之后的下一代无线通信技术,目前 6G 仍处于研发的早期阶段。美国、中国、印度、日本、韩国和欧洲等国家已经启动了 6G 研究计划。6G 的预期下载速率可达到 1Tbit/s(1000Gbit/s),比 5G 快 10~100 倍,时延为 10~100μs,网络传输可靠性可达到 99.999%。

3. 区块链

区块链和基于区块链的数字资产,如非同质化通证(non-fungible token,NFT),可用于元宇宙中的贸易和交易。区块链是一种分布式账本技术,依赖分布式网络验证系统来预防错误。元宇宙支持者认为元宇宙的成功依赖于成功的虚拟经济,其中包含虚拟产品、商品、服务的生产、交易和投资。这些活动都需要金融基础设施来支持贸易和交易。

基于区块链的数字货币可作为元宇宙中的支付方式。此外,区块链还可以帮助元宇宙在没有中心化监管主体的情况下实现快速、安全、可信、透明的在线交易。此外,去中心化元宇宙支持者认为区块链可以在元宇宙中作为构造去中心化、分布式应用、服务、平台和社区的技术基础。

第3章

智慧实验室建设

智慧实验室能够综合楼宇规划设计、设施设备、实验家具、计算机技术、通信技术、物联网、云计算技术等内容,对实验教学管理、仪器设备管理、实验室环境监控、数据统计分析等相关工作进行规范管理,保障实验室安全,提高仪器设备的使用效率,提供更好的实验、科研、教学服务,建立绿色环保、低碳低耗、智能舒适的实验环境等。智慧实验室建设的重点包括智慧实验室的设计和建造两部分内容。

3.1 智慧实验室建设流程

目前,国内实验室建设存在一个普遍现象,即在未进行全面、细致的实验室规划设计的情况下,就开始土建设计和施工,由此带来一系列问题。例如,建筑模数不符合要求(指大楼的空间、进深、层高、走廊尺度不能满足实验室的工艺需求);大楼屋面和有特殊要求的局部楼面承重及抗震指标不满足设备需求;大楼的专业排风井、电井、给水井和供气管井等的位置和大小不满足专业建设要求;大楼的配电负荷不够;大楼未设独立的实验室排水管网,或位置、数量不满足要求,以及未建废水调节池;未考虑实验室补风、实验室新风和恒温恒湿新风引入位置;因为考虑不周详,引进的设备摆放位置不理想,或配套的水、电、气不到位等。这些给后期的实验室建设埋下隐患,拖延了项目工期,增加了工程造价,影响了预期效果。

实际上,楼宇建筑不只是实现实验室功能需求的载体,还承担着装载实验家具和仪器设备的任务,服务于实验室的专业个性化需求。因此,如图3.1所示,在土建工程规划设计前,首先要制定实验室的总体规划,确定实验室建设目的、任务、依据和规模,确定各类实验室功能、工艺条件及规模大小,确定近远期所需要的仪器设备及配套的环境要求等。在各方面工作准备就绪后,综合各专业的基本要求,统筹兼顾后再着手土建工程设计和施工,从源头上避免差错的发生,保证实验室的后期建设顺利进行。

首先对院级或校级信息化、智能化管理系统的功能进行梳理,规划和设计并完善业务集成型智慧实验室,对实验室的人(人员)、机(设备、仪器)、料(样品、材料、耗材)、法(方法、标准、质量)、环(环境、通信)等重要环节开展信息化、智能化、可视化管理,搭建实验室基础信息数据库,以实现信息汇总整合、综合管理、便捷查询及科学利用等功能。在规划智慧实验室总体架构时要考虑上述五个方面内容,如图3.2所示。

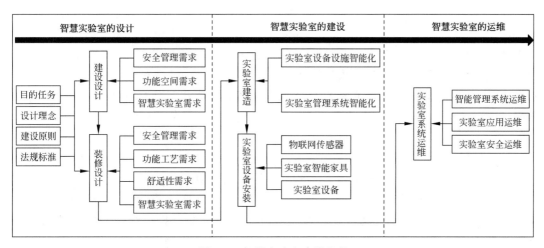

图 3.1 智慧实验室建设流程

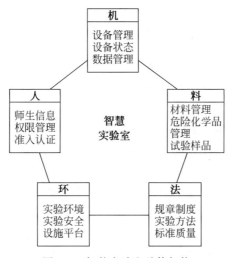

图 3.2 智慧实验室总体架构

1. 智慧人员管理模块

智慧人员管理模块具备建立实验室人员基础数据库功能,基于人脸识别、电子门禁等设备,实现远程管理控制,授予实验室人员准入及使用权限。智能化管理实验室人员安全准入制度,可以避免因非实验室人员的进入造成安全隐患及事故。该模块对接企业或学校的一卡通平台,还能拓展与其他业务系统进行数据交互,提高智慧管理集成度。

2. 智慧设备机器管理模块

智慧设备机器管理模块对接设备管理系统和数据采集系统。可快速整合并及时同步实验室内各类设备的相关信息及运行状态,包括对设备进行定位、终端管控、预约使用、实验数据上传分析和维护管理。实现设备智能化的运维和使用,提升资产设备使用效率和开放共享效率。

3. 智慧材料管理模块

智慧材料管理模块应包含实验材料、实验样品和耗材等信息管理、采购管理、出入库管理、归还与损耗管理、库存情况及预警管理、智能标签等功能。还应根据实验室业务要求,具有危险化学品标准库、仓储、废弃物处置、统计分析等智能化管理模式,提升实验室材料管理效率、控制影响质量和帮助实验室全面全过程解决危险化学品的管理难度。

4. 智慧流程管理模块

智慧流程管理模块可根据实验室的实验种类与工艺,对实验室所有环节进行智能化、程序化和制度化管理,保证规范管理流程。利用信息化技术管理,一方面可以减轻工作人员的工作量、降低任务失误;另一方面,通过智慧科技可以实现辅助操作指导,满足教学和科研的多样化操作需求。

5. 智慧实验室环境管理模块

(1) 智慧实验室楼宇环境管理。基于建筑信息模型(building information model,BIM)技术和地理信息系统(geographic information system,GIS)技术,可准确显示实验室分布状况及地理信息,实现房屋定位精准化管理。在此基础上,通过对接学校实验室开放预约与综合管理系统,同步实验室开放共享信息,师生可在此模块填写实验所需仪器,预约专用实验室,最大限度地优化资源配置。同时,以"楼宇-房间"为单位,可以为指定楼宇和房间设置负责人、负责人信息及相应地理位置信息。此外,基于分级管理措施,还可从模块一级界面向下逐级访问,进入房间层级,查看该房间内各模块采集的末端数据,如气体监测数值、化学品存量、仪器运行状态、各类预设的预警信息及房间内人流量情况等。

(2) 智慧安全管理。通过安装气体监测、温度监测、湿度监测、视频监控等设备,对实验室环境及安全状况进行实时监测,当出现突发事件时,该模块可在第一时间将消息传递至管理人员移动智能终端,提升应急处置效率。人流监控摄像头可实现行人智能跟踪,分析行人的行为趋势,独立统计进出和路过(未进入)人数。与物料管理模块对接,可显示各实验室化学品存量、用量、采购量等信息。管理员可基于地理位置显示界面实时监控各实验室内气体安全状况,并在出现险情时通过移动智能终端第一时间掌握实验室内危险气体的种类、浓度、房间视频监控情况以及实验室安全责任人的相关信息,便于追踪处理方案,评估处理效果。同时,安全管理员可依据系统提供的处理意见提示,全局协调安全风险的处理资源、部门和人员,缩短处理时间,降低处理风险。实验室管理员或课题组负责人可通过移动智能终端查看实验室安全状态和报警处理情况。

3.2　智慧实验室设计规划

实验室建设不仅是仪器设备、实验家具和各种系统平台的简单组合,也是一个复杂的系统工程,需要在规划、方案设计、工程建设和设备安装等各环节通过专业手段开展科学、合理的建设实施。

智慧实验室设计规划是一项复杂的系统工程,涉及众多专业和内容,需要同时精通实验室使用知识、建筑知识和信息化知识等。无论是新建、扩建或改建项目,都不仅仅是选购合理的仪器设备与实验家具。实验室的总体规划设计是包括实验室功能分析、平面设计、空间布局,以及集成信息技术、强弱电、给排水、供气、通风、空调、空气净化、安全措施、环境保护等基础设施的智慧实验室管理系统规划。

3.2.1　智慧实验室设计基础

实验室建筑设计是实验室建设的重要环节,是建立一个高效运作、功能完善实验室的关键,其主要工作包括:总体布局和功能布置、各类实验室的工艺布局及工艺流程、实验室的空间组合及空间模数确定、主要仪器设备设施布置、管网布置、智慧实验室设计等。

1. 智慧实验室的设计理念

智慧实验室将现有实验室仪器设备通过基于物联网技术的信息化智能设备进行信息采集并整合数据,纳入智能化综合服务平台,实现管理、教学、使用数据信息有机融合,从而实现实时数据采集、优质资源共享、高效数据分析和服务。智慧实验室通过物联网信息化设备自动采集数据,大数据云平台存储和分析数据,实现减少人工干预、教学全过程记录,达到降低实践教学人力成本,实现实践教学过程全程可追溯,动态监控仪器设备状态,数据有效支撑师资绩效考核和仪器设备采购预算制定的目的。智慧实验室规划设计理念应该包括以下几个方面:

(1) 安全可靠:从功能布局、气流控制、智能监控、应急消防、系统管理等多角度、全方位考虑,确保办公与实验人员、样品、数据、仪器、系统和环境安全。

(2) 与时俱进:参照执行欧美和国家标准,与国际前沿技术接轨,前瞻性设计,充分考虑检测项目、检测仪器、检测技术拓展和更新换代需求,实现操控的人性化、智能化和集成化。

(3) 大气美观:要充分展示行业特点和地域风情,大气美观,注重色彩搭配,空间转换,环境塑造,针对不同功能需求差异化设计,满足人体工程学、样品和仪器要求。

(4) 环保节能:围绕电力节能、空调节能、通风节能等设计,优化三废治理,满足国家三星级绿色建筑标准,节能、节地、节水、节材,符合低碳环保、以人为本的理念。

(5) 实验室智能化:制定智慧实验室建设和管理发展目标、标准,明确智慧实验室的内涵,应具备的基本功能,制定智慧实验室基本框架,明确数据格式、智能设备及传感器接口标准。

2. 智慧实验室的设计原则

智慧实验室系统的总体设计原则是实用、可靠、安全和智能化设计原则,做到技术先进、经济合理、适当超前,系统应具有开放性、兼容性、可扩充性和灵活性,既能满足当前,又能适应未来。针对系统实际情况进行总体方案设计,以实现实验室管理信息畅通、安全舒适、健康、节能、环保、人性化、方便管理等目标。为提高实验室的综合使用功能和管理效率,系统配置应当综合考虑系统先进性、实用性、实时性、安全性、经济性和易维护性的平衡。

1) 稳定性原则

智慧实验室的设计应在充分和广泛论证基础上,选用可靠的软硬件平台,采用成熟的技术体系,保证系统的性能稳定。

2）安全性原则

由于在网络环境下，任何用户可请求对任何资源包括硬件和软件资源的共享，所以必须通过制定相应的安全策略防止非法访问者访问数据资源，防范安全攻击，对数据资源的存储及传输进行安全性保护。在校园一卡通在线支付系统中，参照系统安全工程能力成熟模型（systems security engineering capability maturity mode，SSE-CMM）和《信息安全管理实施细则》（ISO 17799：2005）等国际标准，从网络级安全、传输级安全、系统级安全和应用级安全等几方面进行考虑。同时，在防雷击、过载、断电和人为破坏方面进行考虑，系统支持对关键设备、关键数据、关键程序模块采取备份、冗余措施，有较强的容错和系统恢复能力，确保系统长期正常运行。

3）先进性原则

采用先进技术构建安全、高效、智能的实验室系统，整个系统软硬件设备的设计符合高新技术的潮流，在满足基本功能的前提下，系统设计具有前瞻性，在一定时期内保证技术的先进性。

4）经济性原则

在满足系统功能及性能要求的前提下，尽量降低系统建设成本，采用经济实用的技术和设备，利用现有设备和资源，综合考虑系统的建设、升级和维护费用。系统符合向上兼容、向下兼容、配套兼容和前后版本转换等功能。

5）绿色环保原则

以安全、健康、环保、高效、节能等要素为基础，通过提升技术体系和使用智能化管理手段降低设备能耗，提高能量效率，减少有害物质或垃圾，改善室内和室外环境，保护人体健康，以及有效利用环保材料和资源，循环再利用并增加再生产品的使用，达到建设绿色实验室的目的。

6）实用性原则

系统的人机交互操作简便、灵活、易学易用，便于管理和维护，实用性较强。

7）规范性原则

系统中采用的控制协议、编解码协议、接口协议、媒体文件格式、传输协议等符合国家标准、行业标准和公安部颁布的技术规范，系统具有良好的兼容性和互联互通性。

8）易维护性原则

系统的运维应具有易操作、易维护的特点，并且，系统应充分发挥人工智能技术优势，具备自检、故障诊断及故障弱化功能，出现故障时，能得到及时、快速地自维护。

9）可扩展性原则

要充分考虑硬件和软件的可扩展性，提供丰富的硬件、数据和应用接口。

10）开放性原则

系统设计遵循开放性原则，能够支持多种硬件设备和网络系统，软硬件支持二次开发。各系统采用标准数据接口，具有与其他信息系统进行数据交换和数据共享的能力。

3. 智慧实验室的技术要求

智慧实验室建设是提升实验室质量管理水平的必经之路。针对实验室的整套环境和实际运行情况，实现实验室人、机、料、法、环全面信息资源、综合管理和质量监控的智慧型管理技术体系,满足日常管理要求,并能全面优化实验室的管理与教学工作,提升实验室的工作效率和生产力,提高质量控制水平。智慧实验室系统应用场景如图 3.3 所示,应关注以下技术要求:

(1)满足政府部门关于实验室管理的基本要求。应按照有关标准设计,从人、机、料、法、环各层面完善实验室管理体系,实现对资源、样品、分析任务、实验结果、质量控制等进行合理有效的科学管理,保证系统开发的先进性、高效性、实用性和安全性。

(2)打造专属数据库,完善数据管理功能。实验室数据是最宝贵的财富,是大数据分析的基础,数据全面结构化建设,打造专属数据库;数据在采集、处理、发布过程中不会出现丢失、改变的问题,可溯源。

(3)提高智能化、自动化程度。包括视频、声音、移动视听设备、数据、各种仪器设备和计算机终端等,通过总线方式统一实现智能化数据管控。

(4)重视移动终端建设。当前处于移动互联网时代,大量工作是在移动端完成的。实验室智慧管理应考虑与手机 APP、微信公众号、小程序等移动端相结合,提升和改善管理效率。

(5)考虑与其他系统进行对接。应考虑与其他相关业务系统的对接,与实验室开发的门户网站、公众号等的对接,减少重复劳动。

(6)推行无纸化办公。考虑电子文件替代纸质版的原始记录,实现绿色办公。例如,在耗材、试件管理环节,耗材、试件在进入样品库时产生二维码,录入相关信息;取样或检测时,扫码即可识别耗材、试件;在耗材、试件处置环节,系统能够自动记录处置人、处置方式、处置时间等,实现对样品从抽样、接收、保管、留样管理到样品处置等全过程管理。

(7)一体化设计。将实验室已有的校园管理平台、安防系统等信息服务平台全部纳入系统中,方便管理和使用。

(8)其他关注事项。例如,系统在容量、性能、并发连接数、功能等方面的扩展性等。

4. 智慧实验室的设计规范和标准

1)实验室设计建设规范标准

《科研建筑设计标准》(JGJ 91—2019)

《公共建筑节能设计标准》(GB 50189—2015)

《建筑设计防火规范》(2018 年版)(GB 50016—2014)

《民用建筑设计统一标准》(GB 50352—2019)

《实验室家具通用技术条件》(GB 24820—2009)

《民用建筑供暖通风与空气调节设计规范》(GB 50736—2012)

《工业建筑供暖通风与空气调节设计规范》(GB 50019—2015)

《实验室变风量排风柜》(JG/T 222—2007)

《通风与空调工程施工质量验收规范》(GB 50243—2016)

《工业金属管道设计规范》(2008 年版)(GB 50316—2000)

《民用建筑电气设计标准》(GB 51348—2019)

2)实验室装修设计规范标准、依据

《建筑装饰装修工程质量验收标准》(GB 50210—2018)

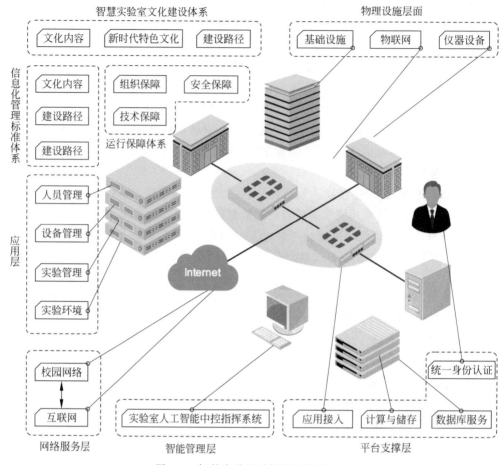

图 3.3　智慧实验室系统应用场景示意

《医院洁净手术部建筑技术规范》(GB 50333—2013)

《民用建筑电气设计标准》(GB 51348—2019)

《建筑设计防火规范》(2018 年版)(GB 50016—2014)

《生物安全实验室建筑技术规范》(GB 50346—2011)

《建筑照明设计标准》(GB 50034—2013)

3)实验室信息化、智能化设计规范标准

《实验室认可服务的国际标准》(ISO/IEC 17025)

《检查机构认可》(ISO 17020)

《计算机信息系统 安全保护等级划分准则》(GB 17859—1999)

《软件质量评价》(ISO/IEC 14589)

3.2.2　智慧实验室功能设计

　　基于智能建设理念,综合考虑实验室各功能要素,结合先进技术,转变传统运营管理方式,解放人才,挖掘和利用大数据价值,实现数字智慧实验室的建设,全面提高实验室的管理水平和智能水平。建设现代化智慧型实验室,首先要制定和提出实验室的总体规划,确定实验室建设项目的性质、目的、任务、依据和规模,确定各类实验室功能和工艺条件以及规模;同时要做好建设与设计的资料收集工作,调查研究,吸纳国内外各种性质、同等规模实验室建设的经验,根据实验室的工艺条件及相关资料,编制好计划任务书;各方面工作准备就绪后,做好实验室建筑设计工作,综合建筑设计各专业的基本要求,结合实际,符合规划要求,绘制出建筑蓝图,为实验室施工建设提供可靠的依据。如实验室平面布局按照相关建筑设计规范及《建筑设计防火规范》(2018年版)要求,将办公区域和实验区域分开,两者之间设置门禁系统。主实验室与辅助功能间之间相互协调,按照实验室功能流程合理分布。考虑人流、物流分开,保障样品无交叉污染,保证实验数据的正确性。在实验区域设有紧急冲淋装置,减少实验操作员的危险。

实验室的划分类型多样。按各个实验室的功能、特性要求划分如下：干性实验室与湿性实验室、主实验室与辅助实验室、常规实验室与特殊实验室、危险性实验室等。如常规的通用理化实验室,理化实验包括有机化学实验、无机化学实验、仪器分析实验等化学领域的实验,工作内容包括混合、蒸馏、加热、冷却、过滤、滴定、萃取、仪器分析、干燥、称量等。根据实验性质与工作流程不同,理化实验室可分为有机前处理室、无机前处理室、化学分析室、仪器分析室、气瓶室、天平室、药品室、高温室、洗涤室等。有机前处理室、无机前处理室、化学分析室属于湿性实验室,按湿性实验室的规范进行设计;仪器分析室属于干性实验室,按干性实验室进行设计;气瓶室、天平室、药品室、高温室、洗涤室属于辅助实验室,按各功能特性进行设计。

1. 干性实验室与湿性实验室

干性实验室是指精密仪器室、天平室、高温室等不使用或较少使用水的实验室。湿性实验室是指样品处理、容量分析、离心、沉淀、过滤等常规实验而需要配备给排水的实验室。

2. 主实验室与辅助实验室

1) 主实验室

主实验室是指进行分析、研究等核心实验的主要实验室,如仪器分析实验室、工程结构实验室、化学实验室等。

(1) 仪器分析实验室

仪器分析实验室对室内的要求一般都比化学实验室高,一般都有空调要求,如恒温恒湿、空气净化、气流、排风等。对于防振要求较高的仪器设备,除了考虑实验室的位置,还需考虑设置独立的设备防振基础和隔振措施。仪器分析实验室一般要求兼有交流、直流电源以及单相、三相两种电源插座,并有稳压要求,有的还有防电磁干扰的要求,需要接地和电磁屏蔽等;有的需要有冷却水和各种气体供应,包括真空、压缩空气、保护气体和载气等。

(2) 工程结构实验室

工程结构实验室能承担道路、桥梁、水工、岩土、结构、防灾减灾、房屋、隧道等工程的结构试验或模型试验任务。根据实验室的具体功能、设备配置和实验方法等情况,需要充分考虑实验室的空间、动静荷载能力、安全环境等功能。

(3) 化学实验室

化学实验室包括有机化学实验室与无机化学实验室,其主要功能为容量分析、常规分析、样品前处理等,根据实验性质的不同有可能涉及有毒、易燃、易爆、强酸、强碱等物质,有机实验室与无机实验室既有共性又有差异,有机实验室对防爆及通风的要求比无机实验室更高,通常需要增加防爆柜及桌面通风等。

2)辅助实验室

辅助实验室是指为实现核心实验的辅助性实验室。

(1)气瓶室

气瓶室属于精密仪器室的辅助室,分为可燃性气体室和不可燃性气体室,是集中供气系统的一个很重要的功能房间,通过减压阀、气体管道等向精密仪器室的仪器提供各种气体,消除了把气瓶放在实验室内的安全隐患,实现安全性、便利性、管理科学的目的,同时适应实验室未来的发展。

(2)天平室

天平室属于公用的辅助实验室,应远离振动源,设在人流少且方便工作的地方,要求防振、防尘、防风、防腐蚀、防潮、温度湿度相对恒定。

(3)高温室

高温室是用于存放烘箱、马福炉等设备的辅助实验室,配备高温台,高温台要求承重、耐高温,一般用钢制柜体配大理石台面,根据放置的烘箱、马福炉等设备数量与功率,配备满足大功率需求的电气配件。高温台深度一般为 750mm,长度根据场地尺寸而定,高度为500mm,方便存取烘箱内的物品。

(4)药品室

药品室用于存放试剂与药品,根据药品的品种不同,可采用不同品种的药品储存柜,一般需要设置抽风系统,抽走挥发性气体,保持室内空气清新,对于易燃易爆的药品,必须设置防爆电器。

(5)洗涤室

洗涤室用于洗涤器皿,配备洗涤台、器皿柜、器皿架、器皿车、高温台等。洗涤台的水槽可选用多个大型水槽,方便洗涤,洗涤台上的滴水架方便晾干器皿;器皿柜、器皿架用于存放器皿;器皿车用于运送器皿;高温台上放置烘箱可烘干器皿。对于有挥发性的废液,需要在洗涤台上设抽风罩,抽走洗涤过程中产生的有害气体;对于需要回收的废液,不能直接倒入下水道,需要设废液桶收集废液,统一处理。

3. 常规实验室与特殊实验室、危险性实验室

(1)常规实验室是指无压差及洁净度要求的普通化学实验室、物理实验室及生物实验室。

(2)特殊实验室是指洁净实验室、防静电实验室、恒温恒湿实验室、移动实验室等满足特殊需要的实验室。

(3)危险性实验室包括生物安全实验室、辐射性实验室、易燃易爆危险品实验室等对人或环境有潜在危险性的实验室。例如,有毒有害试剂室、易燃易爆气瓶间等。

3.2.3 智慧实验室平面空间设计

根据实验室功能需要和设备要求,同时从发展的角度确定实验室空间的大小和布局。影响智慧实验室空间设计的因素很多,如工作人员的数量、分析方法、仪器的尺寸和人工智

能机器的应用等。实验室空间设计应灵活高效,在为实验室工作人员提供舒适环境的同时,需要考虑实验室的人流、物流、气流要通畅,清洁区、缓冲区和污染区应分开等。在制定实验室发展空间分配计划前,应对仪器设备、工作研究人员数量、工作量、实验教学方法等因素作全面系统分析和对空间设计标准的要求进行风险评估,并计算区域的净面积和毛面积。特殊功能的区域可以根据其功能和活动情况及不同程度决定其分配空间的大小。设计实验室时,一般从前期规划、平面设计、空间设计等逐步开展设计工作,确保实验室的平面空间布局充分考虑到影响实验室效率和安全的各类因素,融合信息化、智能化技术的应用场景确定布局。

1. 规划设计

(1) 平面布局的规划设计:设计符合实验室标准和使用要求的产品布局规划。确定实验室模块化装备的类别、规格和数量,符合实验室使用要求和标准。

(2) 实验室安全设计:做平面设计时,首先要考虑的因素是"安全",实验室是最易发生爆炸、火灾、毒气泄漏等的场所。按照国际标准,应尽量保持实验室通风顺畅、逃生通道畅通。

(3) 水电预留位置的设计:确定了平面布局后,确定水电位置图。

(4) 通排风系统的设计:根据实验室内通风载体的数量(如通风柜、集气罩、排气罩)设计出完整的通风方案。确保通风载体使用时,风速、排风量、噪声等指标符合国家标准,并与建筑内的空调、消防、照明等线路互不干扰。

(5) 环保的设计:随着经济的发展,人们对环保的要求越来越严格,要考虑废气净化处理解决方案,使实验中产生的废气得到有效解决,符合环保的排放指标。

(6) 安全设施的设计:在实验室配置安全柜及紧急事故淋洗器、急救洗眼器等。

(7) 人体工程学设计:完美的设计与科技工作者操作空间范围的协调搭配体现了科学化、人性化的规划设计。

(8) 信息化设计:智慧实验室除具备一般实验室所必需的建筑物、设施设备外,还具备四类重要系统,即感知系统、信息传输系统、信息处理系统、执行系统。

2. 平面设计

实验室平面布局按照相关建筑设计规范、《建筑设计防火规范》(2018 年版)及国家法律、法规要求,通过协商沟通,在充分理解实验室使用方需求和建设意图的基础上,形成实验室各功能区、主要设备、设施位置和相对关系的平面图。平面设计项目包括实验室平面分析、实验室空间尺度、实验室功能布局、实验室室内布局和实验室家具等。

将实验区域与办公区域、公共空间分开,两者之间应当设置物理分隔,且加装门禁系统。主实验室与辅助功能间之间相互协调,按照实验室功能流程合理分布。考虑人流、物流分开,保障样品无交叉污染,保证实验数据的正确性。在实验区域设有紧急冲淋装置,减少实验操作人员的危险。实验室平面布局图合理与否、全面与否直接关系到实验室建设图纸和施工图纸的质量,进而决定实验室建设的成败。总的来讲,实验室平面布置遵循以下原则。

1) 功能面积最大化

土地价格不断攀升,实验室建设成本大幅增加,确保实验室功能面积最大化是实验室平面设计的重要原则。平面布局应优先保证实验室安全、卫生,根据实验室功能布局、工艺路线、设备形状,合理设计实验室平面。实验室的总平面布置应根据近远期建设计划,统一规划设计,集中布置,节约用地,预留发展空间,满足可持续发展要求。

2) 相似同一性原则

实验室平面功能区域划分应遵循相似同一规划原则,即同类型实验室宜组合在一起,有隔振要求的实验室组合在一起,有防辐射要求的实验室宜组合在一起。大型或重型测试样品对应的测试区域、振动较大或噪声较大的设备、对振动极其敏感的设备、需要做设备基础的实验室等宜布置在建筑物底层;有毒性物质产生的实验室组合在一起,且宜布置在建筑物顶层;产生粉尘物质的实验室宜布置在建筑物的顶层;把人员活动多的实验室放在阳面、面对环境优美的地段方向等。

3) 空间适宜性原则

如果实验室平面尺寸过大会造成浪费,过小又不能满足工艺要求和安全要求,面积大小合适为宜。实验室标准单元开间由实验台宽度、布置方式及间距决定。实验室的开间和进深尺寸应按照实验室仪器设备尺寸、安装操作及检修的要求确定。实验室走道大小和形式应根据实验室具体使用需求以及设备安装维护需求,确定走道的宽度、高度和坡度。

4) 流程便捷性原则

实验室平面布局应按照实验室运营流程布局设置,充分考虑检测步骤、人流、物流和污物流等因素。在满足实验室安全、卫生、质量和效率的前提下,充分考虑便捷性,如样件待检区、已检样件区、实验区、数据分析区等。根据实验工艺及人员习惯布局实验设备、实验室台具(包括通风柜、实验台、安全柜、储物柜、万向排风罩等)、电源节点(两相、三相均要标注)、网络接线盒,布置上水点、下水点、洗手池、应急洗眼器等位置。根据工艺顺序,预留门窗,至少有一个双扇门作为设备门,或大型样件进出口的地方,没有特殊要求的门可采用地簧门,适宜双面开启。有隔声、保温、屏蔽或其他特殊需求的实验室门应选用具备相应功能门,易发生火灾、爆炸、化学品伤害等事故的实验室门应为外开门。一般应预留观察窗,方便实验室人员的观察与交流,方便客户等人员的参观与及时掌握动态。

5) 环境适应性原则

具有精密仪器的实验室应当远离电机、风机等振动源。温度要求较高的实验室应当设置在阳面,实验区内通用实验室、研究工作室及辅助区的业务接待室、办公室、会议室、资料阅览室,宜利用天然采光。实验室环境允许开窗通风时,应优先利用自然通风,辅助区有人员长期停留的房间宜优先利用自然通风。设置采暖及空调的实验室建筑,在满足采光要求的条件下,宜减少外窗面积。空调房间的外窗应具有良好的密闭性及隔热性,宜设不少于窗面积 $1/3$ 的可开启窗扇。底层、地下室及半地下室的外窗宜采用防虫及防啮齿动物设备。实验用房外窗一般不宜采用有色玻璃。对有避光要求的实验用房应设物理屏障装置。厕所、水房位置一般设置在阴面。

6) 功能齐全性原则

总体平面布局一般包括实验室核心区域、实验室辅助区域和公共设施区域三大部分。其中核心区域应包括样品接收区、样品储存区、样品制备区、实验检测区、样品处理区、危险化学品区等。实验室辅助区域应包括值班室、更衣室、仪器室、危险化学品仓库、气瓶间、废物处理区、办公区、会议室、设备材料存储区、文件资料存储区、访客接待区等。公共设施区域应包括暖通、给排水、供配电、信息系统等专用房间或区域等。有条件的单位还可以设置娱乐室、恳谈室、图书室,配置卫生设施、保洁用房、车库(位)等。

7）开放前瞻性原则

实验室平面布局必须根据行业发展、学科发展及业务发展需要,留有一定发展空间。对于难以确定空间大小的实验室,应采用厂房式开间形式,预留水、电、气、暖等。设置集中功能管廊,集中布置空调、通风、水、电等管道,在其周边或一侧设置实验室,将管路直接预留到各实验室,其功能相当于功能柱。特别是下水管路和通风管路预留更为重要。

8）仿真模拟验证原则

平面布局复杂、空间要求敏感或设备干扰性强的实验室平面布局设计应当进行仿真或模拟。如声学实验室,对实验室的宽度和进深有比例要求;又如大尺寸样件在实验室内的运转问题,应当预留相应空间、调装设备空间或运输工具轨道预埋件等。可通过 BIM 软件或场地演练的方式现场验证设计的合理性、可行性。

9）智能化、模块化集成设计原则

通过模块化定制应用,实现装配式、灵活性和功能集成的安全、舒适和智慧实验室。

传统实验室水、电、通风安装在地面,实验室桌椅不能移动,空间固定后不能灵活变动。若采用吊顶智能集成式塔式起重机系统,则可把水、电、通风和网络都设置在顶部,实验桌则可以灵活、快速地满足实验室独特要求,如探究模式、学科模式、实训模式和考试模式等多种组合。

智慧实验室系统内部集成毒气探测系统和温湿度系统,可以实时监测实验室有毒气体的浓度,通过设置的毒气上下超标值,从而智能地启动和关闭塔式起重机抽风系统,保证实验室良好的实验环境。解决了传统实验室因操作失误或药品渗漏引发的化学中毒事件。

3. 实验室的空间设计

智慧实验室的空间设计是实验室整体空间使用和布局的关键,其实验区域必须符合一定的空间标准和有一定的前瞻性。但由于每个实验室的工作性质不同,无法建立一个统一的实验室通用设计方案。但应考虑使用的原则性和灵活性,针对不同的空间需求采取相应的灵活处理方案。

1）小空间形式

以标准模数为基本单元的实验室适合用作研究型实验室,能为研究人员提供一个安静的工作环境,其缺点是各室研究人员之间的联系与相互了解不如大空间实验室方便。

2）中等空间或大空间形式

这是由多个基本单元所组成的大房间,因相互干扰较大,这种大空间对某些研究实验室不甚适用。

3）带分隔的大空间形式

利用隔墙、通风柜或其他辅助实验装备等将一个大空间划分为小空间,这种形式实际上是介于以上两种形式之间的折中形式。有利于空间利用,增进研究人员间的相互联系,并具有管线安装方便和管理容易等优点。

4）灵活空间形式

一般可以从下列几个方面考虑:承重分隔墙,特别是横隔墙,希望能尽量少,如有可能采用框架结构比较有利；楼面设计荷载应根据具体情况而定，但不宜取值过低，尽量少设固定实验台，即使是固定实验台也最好考虑设计成由标准尺度的预制构件组成，以利于重新拆装。管道检修井宜配置充分，这样可避免将来再在楼板上开洞。

4. 实验室单元设计

1）单元模块平面尺寸

实验室单元模块是实验室设计的基础，实验室单元模块的宽度一般为 3.5～4.0m，深度为 7.0～8.0m，个别实验室小于 6.0m，深度以实验室所必需的尺寸和结构系统的成本效益为基础，模块如太宽，面积空间使用率不高，导致建筑成本增加；模块如太窄，设备和家具不方便摆放，会导致操作空间不足或存在安全疏散隐患。

另外，实验室的工作和活动空间要满足工作环境对安全和人性化的要求。单人单面的工作空间中：走道间距约 1200mm，置物高度约 1500mm，操作间隙约 750mm；双人双面的工作空间中：走道间距约 1500mm，置物高度约 1500mm，操作间隙约 750mm；实验工作台与安全设备的走道间距约 1800mm；安全设备间的走道间距应大于 1800mm。

2）单元模块的高度设计

因实验室需要预留供给系统管道而导致楼层高度比普通建筑物高，不同的实验室对单元模块的高度要求不同。

3）单元模块组合

不同类型的实验室对空间有不同的要求，大型实验室可以由两个或三个实验室单元模块组合而成，创造双向都合理的实验室模块，既扩大实验室使用空间，又有利于适应不同长度的工作台布置。

3.2.4　实验室建筑布局设计

实验室建筑由实验用房、辅助用房及行政用房组成。实验用房是指用于实验、检测、研究的各种功能实验室区域；辅助用房是指机房、冷库、危险品仓库、中心供应室等为实验用房提供支持保障的区域；行政用房是指工作人员办公与对外业务往来的区域。各种区域对建筑环境的要求各不相同，对实验建筑的策划必须做到布局合理、分区明确、流程顺畅、互不干扰、安全健康，建筑布局可分为集中布局与分散布局。

1. 集中布局

集中布局是指实验用房、辅助用房及行政用房集中设置在一个建筑内，方便团队沟通与管理。

实验用房一般置于实验楼上部，其他用房置于实验楼下部。如果实验用房包含不同性质的实验室，在实验楼中自上而下应按毒理、理化、微生物依次布置，以便合理设置工程管网，同时有利于有毒有害气体的排放。对于容易造成交叉干扰又难以有效隔离的实验室，不能放在同一楼层内。

2. 分散布局

分散布局是指实验用房、辅助用房与行政用房分别设置在不同的建筑物内，便于满足实验室对水电、通风、洁净等环境要求以及对人流、物流安排的不同要求。

3.3　智慧实验室建造

智慧实验室建造内容包括：实验室楼宇结构建造、实验室内装建造、实验台柜家具配置、空调通风设施安装、水电基础设施铺设安装、消防系统安装、供气设施管路铺设、信息化智能化系统工程等。其中智能化系统工程又包括信息网络系统、综合布线系统、信息化应用系统、建筑设备管理系统、安全管理系统等。

3.3.1　实验室设备设施建设的智慧化

实验室建筑智能化系统包括楼宇自控系统、实验室信息管理系统、办公自动化系统、综合布线系统、安全防范系统、火灾自动报警系统和停车场管理系统。各实验室内部根据专业要求再配备中央实验台、边台、超净工作台、气瓶柜、仪器柜、洗涤台、仪器台、计算机台、试剂柜、天平台、烘箱台、高温台、毒品柜、通风柜、文件柜、更衣柜等实验室装备家具。

1. 楼宇自控系统

楼宇自控系统是采用计算机控制和网络技术，对大楼内的智能通风系统、智能气体系统、给排水系统和空调系统等机电设备运行状态进行实时自动检测和控制的先进系统。该系统为集散控制系统，主要设备由中央操作站、直接数字控制器（direct digital control，DDC）、传感器及执行器等部分组成，既能实现自动化又可减少耗能。

1）智能通风系统

智能通风系统是指变频与变风量通风控制系统的有机结合，主要包括风速传感器、红外线探测器、变风量控制阀、自动控制器面板、操作终端、智能通风系统管理软件等。

智能通风系统可以对大楼所有的通风系统及设备进行监控及遥控操作，可以在中控室启动或关闭排毒柜、升高或降低排毒柜的视窗门、播放音乐，设置排毒柜温度、风速、风量、工作时间等自动报警参数，还可预设排毒柜的自动启动或自动关闭时间，特别适用于需要长时间进行实验且无须工作人员在场操作的情况。智能通风系统管理软件能对通风系统进行实时监控、自动记录并输出报表，详细记录各时段的运行情况、故障情况，并可输出实际节能的数据。将智能通风系统接上互联网后，可通过手机或计算机在异地操作智能通风系统，还可让智能通风系统的供应商在异地对其进行故障诊断与维护。

2）智能气体系统

智能气体系统包括智能供气与智能排气两种。智能供气是指通过调节接触式电压力表或电触点真空表的上、下限，控制各种气体或负压的高低压值，负压系统则为真空度的大小。当压力或真空度升到上限值或低至下限值时即报警，所有的公用设备能通过系统控制设备进行自动控制并对其手动/自动状态、运行和故障状态进行监控。智能排气是指安装智能化管理软件，通过灵敏的气体检测探头检测空气中各种气体的含量，将检测信号送入变风量控制系统处理后，控制变频器的频率及排风机的速度，实现实验大楼排气系统智能化控制。智能排气特别适用于使用易燃、有毒气体的实验室，一旦检测到气体泄漏，及时启动报警系统并排气，保证人员与环境的安全。

3）给排水系统

安装高效、节能、可循环的水处理和资源化关键技术设备,能达到节水、资源综合利用等功效,同时设有缺水报警系统。

4）空调系统

暖通空调的智能控制系统具有分程控制、混风控制等多种功能块,能根据外界气候条件自动调节,按照预先设定的指标对安装在实验室内的温度、湿度、空气洁净度传感器所传来的信号进行分析、判断,及时自动打开制冷、加热、去湿及空气净化等功能。

2. 实验室信息管理系统

实验室信息管理系统(laboratory information management system,LIMS)是集现代化管理思想与基于计算机的数据处理技术、海量数据存储技术、旷代传输网络技术、自动化仪器分析技术为一体,运用于实验室的信息管理和质量控制,以达到满足实验室各种管理目标的集成系统。

通过 LIMS 服务器,以实验室为中心,将人员、仪器、试剂、实验方法、环境、文件等影响分析数据的因素有机结合起来。为实现网上分配任务、检测数据自动采集、快速发布、信息共享、分析报告自动生成、质量保证体系顺利实施、成本控制、人员量化考核、实验室管理水平整体提高等各方面提供技术支持,是连接实验室、生产部门、质量管理部门及客户的信息平台。

通过实验室信息管理系统,可以全方位地对整个实验室的运行实施管理,实验室可以达到自动化运行、信息化管理和无纸化办公的目的,促进实验室整体能力的提升,对提高实验室工作效率、科研水平、降低运行成本起到重要作用。

3. 办公自动化系统

办公自动化系统包括计算机主干网络系统、办公管理子系统、物业管理运行信息子系统、共用信息库管理子系统、电子会议与电子公告信息服务子系统、微型电视接收及交互电视系统、大屏幕投影系统、公共广播系统,提供背景音乐和公共广播信息,并与紧急广播系统相连。

4. 综合布线系统

综合布线系统采用组合压接方式、模块化结构、星形布线方法,具有布线灵活、易于管理维护并具有良好的开放性、扩张性,支持电话机及各种计算机数据系统,并能支持多媒体会议电视系统。

5. 安全防范系统

安全防范系统由摄像机、监视器、编码器、解码器、录像机及矩阵主机组成,用来对各建筑物、各种重要部门、大厅、通道、电梯、车库、园区周界及主要道路进行电视监控。出入口监控系统对出入口进行控制,对各建筑内的主要通道、重点区域进行监控管理并实现巡更督察功能。防盗报警系统负责对园区周界、办公等敏感部位入侵探知报警,并可与其他设备联网,实现相关设施的智能化联动操作。

6. 火灾自动报警系统

火灾自动报警系统选用开放型、寻址式总线自动报警的消防控制系统，设置火灾探测器，并设有消防紧急广播系统。设置固定消防电话，并在消防中心与消防部门直通消防热线电话。

7. 停车场管理系统

在停车场入口设置自动道闸、读卡机、车感应线圈等，通过管理主机记录车辆的进出，计算收费，实现自动化管理。

3.3.2　实验室信息管理系统的智慧化

1. 实验室信息管理系统智慧化目标任务

目前，各高校数字实验室建设虽已基本实现了实验室日常管理信息化，但由于建设年代不同，不同的业务系统之间彼此孤立，仍存在信息管理碎片化、设备管理静态化、环境管理非低碳化等诸多问题。智慧实验室是数字实验室的进一步深化与提升，它以物联网、云计算、大数据、人工智能、虚拟现实等新兴信息技术为基础，全面感知实验室物理环境，智能识别师生工作学习情景、设备使用状态，实现智慧化的教学科研活动，并能为实验室管理、实验教学、仪器设备管理、实验室安全等提供大数据决策与科学分析，实现实验室智能、安全、开放和高效运行。

基于物联网和感知设备，通过智慧化的数据管理，开展师生与物理对象的关联、互动，有效提高教师和管理人员的工作效率，进一步保障实验室安全，提升实验室的开放共享程度，为智慧实验教学提供基础。

应用设备管理系统和大型仪器设备共享系统，改变传统的粗放式管理方式，提升协同管理效率，实现高校设备统一规范化、集中式和精细化管理。

通过智能环境感知系统、智能用电管理系统、智能门禁系统以及视频监控系统，有效提高了实验室的管理效率和安全性，实现了对人员和设备的有序管理，节省了人工作业所需要的大量人力、物力，支撑起实验室各项业务的智慧运行，为师生提供一个良好的实验环境。

一般来说，高校智慧实验室目标任务包括以下几个方面。

1）实现智慧化实验教学

借助飞速发展的现代化技术促进学校实验室管理水平的提高。建设的重点是将实验仪器设备、各种设备器材资料、实验课件、教学软件及人员的管理和应用与先进的计算机技术、多媒体技术、网络技术和物联网技术相结合，使传统模式下的实验室管理工作在现代化信息理念和信息规范的引导下发生质的演变，变成实验室工作的现代化、智能化和高效化，让有限的资源发挥最大效益，而实验室信息化平台的建设是实现上述目的的基础和保障。

2）实现智慧化实验室管理

智慧实验室管理系统的建立，将实验指导教师及实验室管理人员从繁重的日常管理工作中解放出来，解决人员不足、监管力度不够、管理流程烦琐不规范等问题，以提高实验室人员的管理水平和服务水平，为实验室的管理和自身发展提供契机，同时为实验室主管部门的宏观管理和科学决策提供依据。

通过学生日常刷卡使用及上机操作的行为数据,系统自动统计学生在某个阶段的实践情况,生成行为记录,包括预约次数、具体预约实验室类型、时间、预约考勤情况等,结合平台的信用评分系统对学生的日常学习及行为进行综合评估。

2. 智慧实验室管理系统的建设内容

基于分布式协同集中式统筹规划的思想,以实验室为基础,结合信息技术、机器视觉、模式识别、人工智能等技术共同协作,打造一个集业务系统、中央管理、智能预测的三位一体式智慧实验室生态圈。基于物联网技术构建全面感知的物理环境,基于互联网构建开放、互动、共享的综合实验信息服务平台,基于智能控制技术构建可视化、智能化的自动化管理和监控,基于云计算、大数据等技术实现实验教学过程的可视化采集、传输、交互、评价、应用和服务。智慧实验室的组成包括:智慧化实验室综合管理系统、实验室环境设施管理、实验室信息管理系统、多媒体演示系统、实验室门禁系统、视频监控系统、防盗警报系统、信息发布系统、危险化学品物料管理系统、实验室资产管理系统等。

智慧实验室是以现代实验室管理理论为基础,以教育思想与理念为指导,以提高学生实践能力和创新能力为目标,将物联网、互联网、云计算、大数据、智能技术等新一代信息技术有机融合于实验室的管理和教学过程中,建设成具有全面感知物理环境、智能化管理与控制、教学过程可视化记录与评价、资源和信息互联共享、师生协作与互动一体化的实验室学习空间和"一站式"服务平台,实现实验室建设的进一步精细化与动态化管理、全时空管理、全要素管理、全生命周期管理。具体包括实验室工作流程智慧化、文件管理智慧化、实验数据管理智慧化、实验室资源管理智慧化等。

按照信息化智慧化领域的普遍规律,高校智慧实验室的架构采用层次化体系架构,由物理设施层、网络服务层、平台支撑层、智能管理层和应用层构成智慧实验室的主体,运行保障体系和信息化管理标准体系作为必不可少的前提条件,形成如图3.4所示的智慧实验室架构模型。

1)物理设施层

该层是智慧实验室基础部分,主要由基础设施、物联网、仪器设备三大部分组成。云平台将实验室的资源虚拟化,使用云终端、云系统等为智慧实验室的主机虚拟映像构建、大数据处理与应用服务提供基础的计算和存储支撑。物联网基础设施依靠移动终端、传感设备、射频识别(RFID)、视频监控和智能穿戴等,对实验室海量数据进行采集和实时反馈,实现对师生的实验过程、仪器设备运行、实验室环境等状态的全面感知。

2)网络服务层

网络服务层在智慧实验室构建中的主要作用在于借助互联网、局域网、无线网络、专用网络(例如校园网络)接入、传输和运营。网络层涉及专用网络和通用网络的融合,是优质教育教学资源和仪器设备资源是否能够实现互联共享的硬件基础,是各类不同感知层终端采集数据信息能否有效汇聚并为应用层的数据分析和辅助教学、管理提供数据支持的重要保障。

3)平台支撑层

提供计算与存储、统一身份认证、数据库服务、应用接入等服务,目的是为智慧实验室提

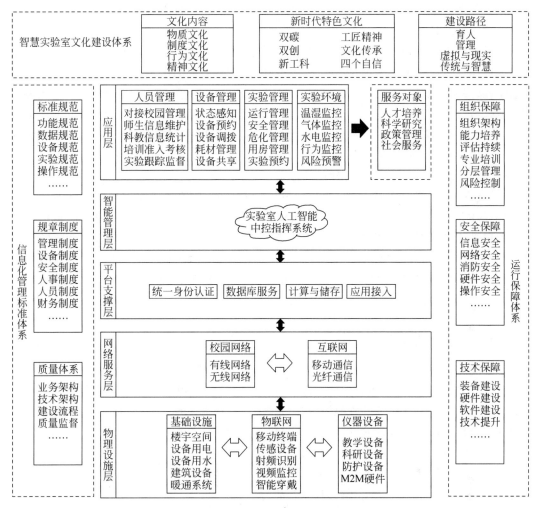

图 3.4 智慧实验室的架构模型

供数据及服务融合。数据标准的建立不仅实现了对不同系统的数据信息进行提取和部署,而且实现了不同应用系统之间的数据共享和交换,无用数据对应用系统的影响也相应减少。

4)智能管理层

该层是智慧实验室的核心部分,综合采用校园有线网络、无线网络和 5G 移动网络等通信技术,构建全天候、全覆盖的网络应用环境,保障云端、教师端、学生端、管理端的互联互通,为智能应用层的智慧实验、智慧应用、智慧管理提供信息化、智能化的公共支撑环境和综合服务体系。该层的核心功能包括互联网高速访问、身份认证、智慧应用接入、实验数据采集与分析等服务。

5)应用层

该层是智慧实验室的特色部分,基于大数据、云计算、物联网等技术,对实验室虚拟映像进行全方位分析,全面掌握物理实验室的运行规律,在此基础上对实验室管理、设备管理、环境监测等做出科学决策,实现师生之间、师生与设备之间、环境之间的智能交互。该层包括实验室的各个智慧型应用,为各类用户提供详细的智慧支持,实现通过智慧实验室建设支撑智慧教育的目的。

实现了实验管理、人员管理、设备管理、环境监测等功能。应用层将不同的应用子系统通过接口和契约构建了一个综合服务平台,实现了智慧实验室的高效管理和流畅应用,为实验室建设、实验质量管理等方面的决策提供有力支持。此外,实验室安全管理是智慧实验室建设强有力的支撑。实验室的安全包括设备安全、运行安全、网络安全和信息安全等。除此以外,建立标准的实验室操作流程也非常重要,规范化的操作和智慧化的管理相结合,才能最大化发挥智慧实验室的优势。

6) 运行保障体系和信息化管理标准体系

在"互联网+"智慧实验室中,运行保障体系和信息化管理标准体系是智慧实验室持续提供高质量服务的基础。其中,运行保障体系又包括组织保障体系、技术保障体系和安全保障体系等。信息化管理标准体系包括标准规范体系(信息技术基础标准体系、信息资源标准体系、应用标准体系、管理标准体系)、各类规章制度与质量体系。通过运行保障体系和信息化管理标准体系建设,为智慧实验室高效、稳定、安全运行提供坚实保障。

3.3.3　虚拟实验室建设

为解决实验教学经费不足、实验设备缺乏、高危实验难以操作等问题,国内许多高校结合自身教学需求,运用虚拟仿真技术,解决因地域环境、仪器设备和安全因素等现实条件受限而无法正常开展实验教学的难题。遵循"虚实结合、能实不虚,以虚促实"的原则建立了虚拟仿真实验教学管理平台,通过网络共享、单机演示和 VR 头盔沉浸式互动操作等多样化形式,集演示体验和交互操作于一体,增强趣味性、生动性和吸引力,使实验教学具有很强的融入感、体验感和可操作性,在本科实践教学过程中大量使用具有专业特色的虚拟仿真实验教学项目,目的是提高学生的专业能力和创新能力。

1. 虚拟仿真实验室

虚拟仿真实验教学项目的开放运行依托于开放式虚拟仿真实验教学管理平台的支持,二者通过数据接口无缝对接,保证用户能够随时随地通过浏览器访问该项目,并通过平台提供的面向用户的智能指导、自动批改服务功能,尽可能帮助用户实现自主实验,加强实验项目的开放服务能力,提升开放服务效果。

开放式虚拟仿真实验教学管理平台以计算机仿真技术、多媒体技术和网络技术为依托,采用面向服务的软件架构开发,集实物仿真、创新设计、智能指导、虚拟实验结果自动批改和教学管理于一体,是具有良好自主性、交互性和可扩展性的虚拟实验教学平台,总体架构如图 3.5 所示。

支撑项目运行的平台及项目运行的架构共分为 5 层,每一层都为其上层提供服务,直到完成具体虚拟实验教学环境的构建。下面将按照从下至上的顺序分别阐述各层的具体功能。

1) 数据层

虚拟仿真实验教学项目涉及多种类型虚拟实验组件及数据,这里分别设置虚拟实验的

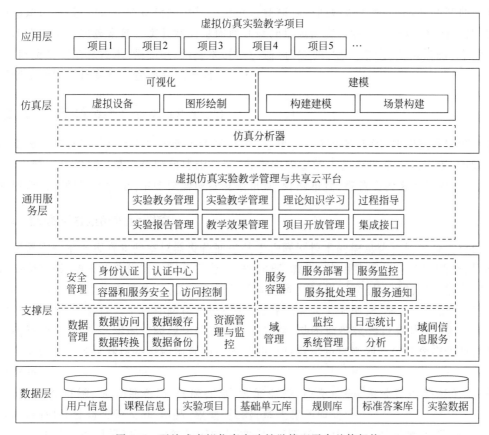

图 3.5　开放式虚拟仿真实验教学管理平台总体架构

用户信息、实验课信息、实验项目、基础单元、规则库、标准答案库、实验数据等来实现对相应数据的存放和管理。

2）支撑层

支撑层是开放式虚拟仿真实验教学管理平台的核心框架，是实验项目正常开放运行的基础，负责整个基础系统的运行、维护和管理。支撑平台包括以下几个功能子系统：安全管理、服务容器、数据管理、资源管理与监控、域管理、域间信息服务等。

3）通用服务层

通用服务层即虚拟仿真实验教学管理与共享云平台，提供虚拟实验教学环境的一些通用支持组件，以便用户能够快速在虚拟实验环境完成虚拟仿真实验。通用服务层包括：实验教务管理、实验教学管理、理论知识学习、过程指导、实验报告管理、教学效果管理、项目开放管理，同时提供相应集成接口工具，以便该平台能够方便集成第三方的虚拟实验软件进入统一管理。

4）仿真层

仿真层主要针对该项目进行相应的可视化和建模仿真分析器，最后为上层提供实验结果数据的格式化输出。

5）应用层

基于底层的服务，实现虚拟仿真实验教学项目的教学与开放共享。该框架的应用层具有良好的扩展性,实验教师可根据教学需要,利用通用服务层提供的各种工具和仿真层提供的相应器材模型,设计各种典型实验实例,最后面向学校开展实验教学应用。

2. 元宇宙实验室建设

元宇宙(Metaverse),是人类运用数字技术构建的,由现实世界映射或超越现实世界,可与现实世界交互的虚拟世界,具备新型社会体系的数字生活空间。元宇宙被认为是下一代移动互联网。当前,各国政府、互联网巨头纷纷布局元宇宙。

在技术层面,实验室应努力搭建内容生产与技术平台之间的桥梁,通过跟踪趋势寻找方向,通过课题研究形成行业洞察,通过实验项目积累经验,在不确定性中寻找确定性,引进并普及前沿理念,以开放心态拥抱元宇宙,以开放思维聚合资源,大胆探索,积极作为。

实验室举办系列学术活动可建设"元宇宙分会场",在不用到达现场的情况下,主持人和演讲嘉宾均可以"数字分身"的形式亮相学术沙龙。元宇宙开设学术活动在组织框架、流程等方面保持不变,仅把活动场地与形式发生改变。学术会议设立专家委员会、综合协调组和专项课题小组,在多个方向开展课题研究。

对于校企联合共建的实验室,常常受限于空间距离和时间,在项目合作等方面往往较为受限,若共建元宇宙分实验室,将项目成员用虚拟化身替代,共同维护数字资产,部分技术配合现实技术进行展示或使用,可使校企信息共享和行政办公更为便捷。

元宇宙实验室对实验教育具有重大探索意义。实验操作前,学生可登录元宇宙账号进入实验室,进行实验仪器操作演练,起到预习、演练的作用,更好地提前掌握实际实验的流程。对于一些因实验仪器贵重、仪器场地占地面积大、实验仪器具有辐射等原因而无法在每个学校每个专业都开展的实验课程,可在元宇宙实验室中进行实际操作,1∶1还原实验过程,沉浸式体验操作复杂的实验,学习与掌握科学原理。

元宇宙实验室建设仍有许多挑战,主要有以下几方面:

(1)目前国内对于元宇宙应用尚未设计统一标准与评估机制。由于发展时间短,技术综合性强,教学理论研究和实践经验较为缺乏,元宇宙与教育结合的图景是否能达到预计效果尚未有评估办法。

(2)元宇宙实验室建设具有增加人际互动的作用,参与者的精力若高度集中于角色扮演、强交互性,对部分自制力较差的使用者可能仅当作游戏来进行探索,难以达到教育教学的目的。

(3)元宇宙实验室管理办法难以界定。由于元宇宙实验室中大多为虚拟资产,进入元宇宙实验室的人员若沿用现有的实验室管理办法,约束程度较高,违背了元宇宙实验室让师生可以自由探索的初衷。这使元宇宙中虚拟人物均需要较强的道德感,靠自身道德水平约束个人行为和维护公共秩序。

(4)谨防资本炒作元宇宙概念和绑架教育行业。因建设元宇宙实验室耗费资源、精力较大,需借助外部力量共同建设,需保护真实学校的知识产权和保障学生人才培养的效果,不能为了噱头而粗制滥造建设和散乱使用,违背了教育的初衷。当前的教育元宇宙平台各自为政,容易被资本和少数技术实力强大的公司力量所垄断和绑架。

(5)元宇宙实验室建设需要强大的基础设施建设。基础建设包括通信网络、云计算、新的网络协议,对网络和算力要求极高,建设元宇宙实验室需要将现有的校园环境基础设施进一步提升,耗费资源量极大。硬件还包括 VR 头盔、智能眼镜、电子皮肤、脑机接口等。目前,在硬件发展方面难以普及,但应用场景开发层面参与门槛较低,积极参与可能性高。

3. 元宇宙实验室案例

2021 年 12 月,由中关村互联网教育创新中心、中译出版社、中国教育 30 人论坛联合发起成立的元宇宙教育实验室,旨在探索元宇宙与教育创新的结合,推动元宇宙教育应用落地发展。元宇宙教育实验室成立后,将进行元宇宙及元宇宙教育行业研究、总结行业发展规律,为行业及创业提供战略指引;同时积极传播元宇宙教育理念、思想和先进技术,加速行业发展,加强行业信息融通等。推动元宇宙教育在更多教育领域落地实践,以科技助力教育高质量发展。未来,很有可能在教育领域,学生在家就可以进入一个全息投影世界,跟着 AI 虚拟人学习,让学习变得和游戏一样快乐。

2022 年 4 月,北京某高校与企业联合成立"元宇宙文化实验室",实验室将以产学研相结合的方式,在未来媒体技术发展、元宇宙文创、元宇宙指数、虚拟数字人指数等元宇宙与科技传播领域展开研究。元宇宙文化实验室成立后,重点探索了虚拟人、数字藏品和 IP 元宇宙三大主形态,并首次对外发布了基于各种创新技术,对虚拟数字人和数字藏品平台展开深入研究的成果——《2022 元宇宙指数系列报告》。

2022 年 4 月,北京某高校与企业联合成立"元宇宙联合实验室",双方就联合研发元宇宙相关核心技术、建设适合国内应用场景且具有国际先进水平的前沿技术研发等合作达成共识,将共同探索 XR、AI、计算机视觉、3D 动画等方向,推动各类元宇宙相关技术的落地。双方计划在元宇宙、数字人领域开展合作,主要专注于困难的、有长期价值的课题。目前,双方已经开始在基于 LED 墙的 XR 拍摄技术领域展开合作,针对如何实时清除高分辨率摄像机拍摄 LED 墙上带有的摩尔纹这一技术难题,该项目的研究成果将会极大地提升 LED 墙的拍摄效果和应用范围,并且将降低 LED 墙的部署成本。

2022 年 6 月,在北京某大厦成立"文旅元宇宙实验室"。文旅元宇宙,即元宇宙-文旅,元宇宙在文旅行业具有非常广阔的应用场景。如借助虚拟现实技术,可"上九天揽月"神游宇宙,亲身感受我国宇航员在空间站打开舱门漫步太空;也可"下五洋捉鳖",身临其境看到我国深海载人潜水器下沉万米抵达马里亚纳海沟的情景;可以足不出户,体验星际穿越、魅力星球与中华胜景;也可以和三五好友结伴虚拟旅行,畅游神州,极大地丰富我们的文化旅游体验。同时,需要指出的是,这种根据中国的科技文化进步的现实,"编织"出来的文旅体验新场景,正在成为传播真实、立体、全面的中国的最佳手段和新的突破口。和其他行业一样,除了数字人、数字藏品等应用,文旅行业还将具有其特有的精神文化产品的属性。基于数字化 3.0 时代的沉浸式体验,不仅具有数字化 2.0 时代产业组织形态,可以极大地提升产业组织效率,方便消费者,而且其本身就是独立于实体经济而提供的沉浸式体验的产品与服务。"文旅元宇宙实验室"研究和推广工作目前有公益大讲堂、文旅元宇宙白皮书以及指数评价体系三大类。

2022 年 7 月 28 日,香港科技大学宣布将推出 MetaHKUST 项目,建立元宇宙校园即实体-数字双子校园,提供沉浸式学习体验。香港科技大学将制定实体-数字世界的管治、制定数字资产的标准和规范。当延展实境生态系统建成后,香港科技大学香港、广州两所校园的成员将能在系统中创作属于自己的内容,让学生、教职员工和校友都能参与此平台,让香港科技大学社群能进行跨校园创作、创新和互动联系。

3.4　智慧实验室建设环境保障措施

　　信息化、智慧化的实验室,除了先进的仪器设备、功能完善的实验室配备,智能化的实验室信息管理系统,实验室的环境技术要求也是实验室管理体系中重要的一环,同时,实验室的环境建设即节能减排与安全环保已成为实验室建设中重要的内容。实验室的环境建设是实验室建设的基础和支撑,也是实验室智能化的重要内容。随着实验室技术的不断发展,实验室的种类和规模、设备数量和种类以及配套环境设备与平台也日趋增多,广泛分布于实验室方方面面,如果没有与之规模体系相对应的配套环境设备运维管理系统,实验室的供电、供水、供气、消防、安全以及运行出现各种危急状况都难以发现和及时处理。一套完善的实验室环境配套系统对实验室的电力、温度、湿度、漏水、空气等诸多环境变量,同时对不间断电源(uninterruptible power supply,UPS)、空调、新风等诸多设备运行状态变量进行 24 小时实时监测与智能化调节控制,对保证实验室组织的安全、稳定、高效运行,保证实验室仪器设备的良好运行状态和设备使用寿命与安全具有重要意义。

　　通过物联网的数据采集,获取实验室温度、湿度、光线、能耗、使用率和故障率等各项数据信息。全面的智能感知与监控,以物联网技术为核心,建立"智慧化"的实验室综合管理平台,实现实验室的智能化、安全化与可视化管理与监控。使实验室的管理更加系统化和智慧化,形成一个高效的管控整体,科学和规范的管理系统将充分发挥实验室的功能和保障实验室的安全。

3.4.1　实验室电力保障

　　智慧实验室依托各类硬件仪器设备进行数据采集分析。持续稳定的电力保障系统是一切工作的保证。突然断电、电压不稳等问题必将直接导致设备宕机、系统停摆。电力在功能区别上,又可以分为市电、不间断电源(UPS)、电池组、配电柜四部分。

　　电力保障系统是实验室实地环境的重要考察指标,也是仪器设备正常使用的必要条件和系统运行的物理基础,其实时状态和波动情况是必须时刻关注的。为此,电力保障系统的数字化侧重点在触发的敏感性和报警的及时性上。另外,电力保障系统的数字化、智能化也是实验室智能化建设的一部分,相关参数对实验室基础保障工作的量化管理和硬件设备的使用损耗估算有着重要意义。

　　电力保障系统所传输的数据一般可分为触发报警类和实时报送类。前者包括各条线路及模块的故障信息,后者包括实时反馈的变电数据。电力保障系统中市电、UPS、电池组、电池柜四类信息均属于智能设备采集到的数据,在实现数字化、智能化时属于通信协议类。在具体应用时,又有不同侧重点。

1. 市电数字化采集

　　市电属于公共资源接入范畴,数字实验室数字化不考虑其输入值波动情况、通断状态。

2. UPS 数字化、智能化

作为电力保障系统的核心节点,UPS设备的关键参数较多,主要包括内部整流器、逆变器、电池、旁路、负载等各部件的运行状态,需进行实时监测,一旦有部件发生故障,系统会自动报警。并且实时监测UPS的各种电压、电流、频率、功率等参数。实验室环境中对于UPS的监测一律采用只监视、不控制的模式。避免监测系统失误带来的断电风险。UPS在实验室监测中属于智能设备。目前UPS普遍带有RS232C或RS485接口作为监测接口,一些UPS还支持通过网络访问的SNMP协议接口。由于串行接口更为普及,实验室监测系统普遍采用RS232C或RS485串行通信采集设备的运行数据。

3. 电池组数字化采集

电池和电池组是电力系统的最后屏障。其关键参数包括电池组内阻、总电流及总电压实时数据,对单体电池而言要涵盖电池的表面温度、单体电池的电流、电压的实时状况。

4. 配电柜数字化采集

配电柜作为向仪器设备提供电力的最后环节,其稳定性和运行情况会对实验室系统造成最直接的影响。在对其进行数字化采集时,要注意两方面的参数收集:首先是用电情况监视,主要对配电柜系统的电压、电流、功率等参数进行监视。当一些重要参数超过危险界限后报警。其次是配电柜开关的状态监视。配电柜开关控制着设备的电源,当其故障跳闸时应尽快发现并快速排除故障。

3.4.2 机房建设

主要为针对物理机房提出的安全控制要求。主要对象为物理环境、物理设备和物理设施等;涉及的安全控制点包括物理位置的选择、物理访问控制、防盗窃和防破坏、防雷击、防火、防水和防潮、防静电、温湿度控制、电力供应和电磁防护。

(1)物理位置选择要合理,机房场地应选择在具有防震、防风和防雨等能力的建筑物内,同时避免设在建筑物的顶层或地下室,否则应加强防水和防潮措施。

(2)对物理访问控制需进行要求,机房出入口应安排专人值守或配置电子门禁系统,控制、鉴别和记录进入的人员。

(3)设备设施有防盗窃和防破坏功能,机房设备或主要部件进行固定,并设置明显的不易除去的标志;通信线缆铺设在隐蔽处,可铺设在地下或管道中;设置机房防盗报警系统或设有专人值守的视频监控系统。

(4)做好防雷击的措施,将各类机柜、设施和设备等通过接地系统安全接地;采取措施防止感应雷电,如设置防雷保安器或过压保护装置等。

(5)做好防火措施,设置火灾自动消防系统,能够自动检测火情、自动报警,并自动灭火;机房及相关的工作房间和辅助房间应采用具有耐火等级的建筑材料;对机房进行划分区域管理,区域和区域之间设置隔离防火措施。

(6)做好防水和防潮措施,采取措施防止雨水通过机房窗户、屋顶和墙壁渗透;防止机房内水蒸气结露和地下积水的转移与渗透;安装对水敏感的检测仪表或元件,对机房进行防水检测和报警。

（7）做好防静电措施，安装防静电地板并采用必要的接地防静电措施；配备静电消除器、佩戴防静电手环等。

（8）按要求做好机房温湿度控制，能自动调节设施，使机房温湿度的变化在设备运行所允许的范围内。

（9）保障电力供应，在机房供电线路上配置稳压器和过电压防护设备；提供短期的备用电力供应，至少满足设备在断电情况下的正常运行要求；设置冗余或并行的电力电缆线路为计算机系统供电。

（10）做好电磁防护，电源线和通信线缆应隔离铺设，避免互相干扰；对关键设备实施电磁屏蔽。

3.4.3　实验室环境的智慧联动

随着实验室现代化、数字化的迅猛发展，作为实验室正常、稳定运行基本保证的环境因素——空调、电源等设备的运行状况及实验室环境的安全状况也日渐凸显出其重要性。许多重要环境设备是 24 小时不间断运行，而管理人员很难保证时刻对设备情况进行监测，因此通过技术手段实现 24 小时不间断监测显得尤为必要。环境监测系统通过通信和软件的集成，实现对温湿度、气体浓度、电体压力、供电等实验室环境状态的数字化和网络化监测并实时生成报警信息发送给相关管理人员。

如"智能插座＋智能开关＋空气监测＋空气净化"系统与综合信息服务平台的组合，提供一种智慧控电＋空气监测联动的系统解决方案，实现各种用电设备和系统的互联互通。经过智能化处理和分析的数据共享互生，消除"信息孤岛"，也促进对数据价值的挖掘。通过数据分析，生成可视化的数据报表，为高效的能源管理策略提供有力的数据支撑。

第4章

智慧实验室管理

实验室是教学、科研或检验检测活动的重要场所,实验室的管理是对实验室环境、仪器设备和实验室人员各项活动的基本规律进行研究的科学,是相关职能部门或实验室相关责任人,对实验室进行管理并发挥实验室作用的过程。实验室的管理始终贯穿于实践教学、科研项目开展或检验检测活动的全部环节,是反映实验室教学、科研和社会服务水平的重要标志之一。智慧实验室的管理,旨在借助智能设备设施的应用以及互联网、物联网、人工智能、大数据和云计算等信息化技术的运用,使传统模式下的实验室管理工作在信息理念和信息规范的引导下发生质的演变,将实验室管理人员从繁重的实验室日常管理工作中解放出来,解决实验室日常管理中人员不足、实验室监管力度不够、实验室管理流程烦琐不规范等问题,实现实验室工作的信息化、智慧化和高效化,保障实验室各项业务的智慧运行,提高实验室的管理水平和服务水平,为实验室的管理和自身发展提供契机,同时为实验室主管部门的宏观管理和科学决策提供依据。

4.1 智慧实验室管理纲要

实验室管理涉及实验室建设规划、仪器设备管理、实验技术队伍建设、实验室安全与环境管理、实验室相关经费管理、实验室信息化管理、实验室基本档案、实验资源开放、实验室绩效考核等诸多方面。总体来讲,智慧实验室的管理,是基于检测和校准实验室能力认可准则以及科研实验室认可准则等相关规定,结合实验室管理的具体技术要求,针对实验室人员、仪器设备、耗材、安全与环境四个方面所进行的各项智慧化、信息化管理。

4.1.1 人员管理

实验室人员,主要包括实验室管理者、项目负责人和实验人员,不同类别人员在实验室中应承担的主要职责不同。

实验室管理者主要职责是:保证实验室的运行和实验活动符合国家相关法规要求,并保证实验室的安全工作条件、警示标识和应急装备符合国家相关标准的要求并适合于所从事的实验活动;组织建立并维护实验室管理制度,并组织对所有相关人员进行培训和考核,禁止考核不合格或未经批准的人员进入实验室;制止不符合管理要求、不安全的实验行为或活动;组织建立并维护应急预案,保证应急器材的性能正常,并定期组织所有相关人员进行应急演练;保证与实验室所有相关人员之间有明确的沟通渠道。

项目负责人主要职责是：保证研究项目团队熟悉并遵守实验室的管理规定；当实验室的管理规定不适用所从事的研究活动时，应与实验室负责人及时沟通并补充、修改、完善相关的制度；负责评估研究活动可能面临的风险，并告知研究团队所有相关人员，需要时为其提供防护资源和防护指导，不得从事风险不可控的研究活动；明确职业健康安全和环境安全政策，并实施和检查执行情况；保证职业健康安全和环境安全绩效符合管理部门的要求；保证研究团队理解研究方案的要求和各自的职责，并应制定适宜的标准作业程序（包括安全作业指导书等）以规范相应的活动；保证所有实验研究场所的活动都在监管之下，定期检查；需要时可指定分场所或活动的负责人并明确其职责和权限；建立、维持和实施原始数据管理程序，并定期检查执行情况，保证原始数据的质量（包括各种设备输出的数据），保证客观、真实、可追溯；应定期或不定期进入研究场所，与研究团队沟通，建立研究日志；及时处理偏离，需要时，修改研究方案、程序等。

实验人员主要职责是：应了解和掌握安全实验方式和防护措施，遵守实验室管理要求和相关规定；应熟练掌握仪器设备操作规程及维护、保养措施；应及时准确地记录、采集原始数据，并对数据的质量负责；应主动观察、识别、报告实验研究活动中的新问题、异常现象等，客观记录；应及时报告实验室安全隐患、事件或事故。

智慧实验室的人员管理是基于实验室人员的职责，通过智慧化信息化管理系统来规范实验室人员的行为，使之养成良好的习惯，建立安全意识，提高职业道德素养，保证安全实验，杜绝安全事故隐患的发生，同时以此来保证实验检测、教学、科研等活动的正常进行。实验室人员管理包括人员培训、人员授权、人员监督和人员能力监控等。智慧实验室的人员管理主要包括以下几个方面。

1. 安全培训和准入考核

利用基于虚拟现实技术开发的安全虚拟仿真系统，摆脱传统的文字、图片、视频类"说教式"的安全培训方式，让实验室人员身临其境地获取实验室安全相关知识，熟练掌握用电基础安全、消防安全、化学安全等常规安全知识和具有专业特色的专业类安全知识，以及安全管理的规章制度、危险评估方法和危险情况处理方法，并严格落实实验室安全准入制度，实验室人员需通过安全准入考试方可获得进入实验室的资格。

2. 操作培训

针对大型仪器设备、与危险化学品相关设备等操作比较复杂的仪器，要求实验人员通过操作培训后方可使用。实验室管理员需对实验人员进行操作培训，使实验人员熟练掌握仪器设备安全操作规程及应急处置程序，实验人员通过考核后，利用仪器设备开放共享管理系统，给实验人员进行操作授权，实验人员即具备预约使用仪器设备的资格，可独立上机使用。

3. 人员授权

通过智慧化管理系统将各级管理员、实验人员等用户授予不同的实验室权限，各自在权限范围内可查看不同的模块信息。如项目负责人可以查看项目组成员信息、添加成员，查看项目组成员进出实验室情况、使用设备情况、设备测试费用支出情况等，从而方便项目负责人掌握项目组成员实验情况。

4．违规处理

利用智能视频技术,对实验人员的实验操作过程进行监控分析,对于违反安全规定的行为进行制止,情节严重者会纳入黑名单取消实验资格;针对实验人员迟到、早退、超时使用、爽约行为,通过智慧化管理系统自动记录黑名单,黑名单人员不得使用实验室内仪器设备。利用黑名单机制,让实验人员更安全、高效地使用仪器设备,既避免了仪器设备使用率低下的问题,又避免违规操作造成的实验安全隐患。

4.1.2 仪器设备管理

随着企业和高校对实验室的投入不断增加,实验室的仪器设备越来越多,仪器设备的智慧化管理显得尤为重要。实验室仪器设备管理的基本要求如下。

（1）用于研究及控制与研究相关环境因素的设备（包括计算系统、软件等）,应合理并妥善安置,性能满足需要。

（2）所有设备均应定期校准（可以进行内部校准）、检定或核查,周期的设定应以保证设备的性能满足要求为原则。内部校准应由经过培训的人员按规定程序进行。只要可行,应溯源到现有的最高计量学水平。

（3）应在使用前对设备核查,保证其标称的性能符合研究活动的要求。

（4）对不具备条件进行校准、检定或检验的设备,应建立可行的机制,证明其标称的性能符合研究活动的要求。

（5）应定期检查、清洁、保养设备,建立设备档案,包括安装、改动、故障、维护、校准（检定或检验）、核查、证明等记录,以了解设备的性能状态。

（6）曾经过载或处置不当、给出可疑结果,或已显示出缺陷、超出规定限度的设备,均应停止使用。这些设备应予隔离以防误用,或加贴标签、标记以清晰表明该设备已停用,直至修复并通过校准或检测表明能正常工作为止。

（7）对存在危险的设备,应有标识标明具体的危险部位和警示事项。

（8）对退役或不再使用的设备应安全处置,避免辐射、化学、生物等危险因素危害环境和社会。

（9）设备应由经过授权的人员操作。设备使用和维护的最新版说明书（包括设备制造商提供的有关手册）应便于合适的实验室有关人员取用。

为了响应国家、省市对实验室仪器设备开放共享的要求,充分发挥仪器设备的使用效益,智慧实验室的仪器设备管理除了应满足基本要求,可通过仪器设备开放共享管理平台实现仪器设备的智慧化和高效化管理。首先,需要录入实验室仪器设备信息,包括设备名称、型号、规格、生产日期等,同时按实际情况登记状态,如校准日期、维修保养情况,实验室可以根据设备使用情况定期检修,及时更换老旧设备,避免设备老化造成的安全事故。其次,仪器设备开放共享分为自主上机操作和送样委托测试。自主上机操作的对象为已通过安全考试和设备操作考核的实验人员,在系统上申请后,经管理员多级审核,预约成功后独立操作。送样委托测试是针对大型精密贵重设备,由于实验操作非常复杂,需要由专职实验员负责操作实验设备,采用在线委托方式,管理员审批后进行送样测试。

对于可移动设备,智慧实验室可利用现代化物联网技术,基于可移动设备智能管理系统,实现可移动设备的智能化管理、规范化存储、自助式出入库、全天候仓库环境监控以及自动形成出入库记录等,改变传统仪器管理杂乱无章的情况,使得仪器管理更简洁、更安全、更规范。

此外,可通过实验室开放管理系统为各类实验室提供开放预约平台,实验人员能够预约实验场地、仪器设备开展自己的实验,提高实验室及实验仪器设备的利用率,并可以统计相关房间开放的统计数据信息。实验室开放管理系统还可给实验人员提供一个创新性项目(开放基金项目)的申报、审批、执行过程、项目成绩、项目成果统计的管理平台。

4.1.3   耗材管理

实验室耗材主要包括常规材料和危险化学品,实验耗材管理的基本要求如下。

(1) 应适当标记用于研究的材料,以保证正确识别。

(2) 对使用特性有规定的材料(如检测试剂等)应有标签或其他标识,注明身份信息、规定的参数(如浓度、纯度、理化特性等)、储存说明、有效期、有关来源、安全信息等。

(3) 实验室应有所用材料的安全数据单(MSDS)或基本的安全信息,并随时可供使用,应定期更新安全数据单。

(4) 应正确存放所有材料,保证其不相互影响。

(5) 应有序、合理、安全地存放材料,不影响工作,不对人员构成不可接受的风险,不妨碍应急疏散。

(6) 应建立材料库存管理系统或登记制度,对危险材料的管理应符合国家相关规定。

(7) 应建立材料、合格供应商的评价政策和程序。

(8) 应建立机制,保证每个研究过程所用的材料符合要求。

(9) 所有实验材料的获得、使用、转移、处置等应符合国家的管理规定和标准要求。

智慧实验室的耗材管理除了应满足基本的要求,可利用低值易耗品管理系统进行耗材的申购、采购、入库、领用管理,以及利用专门的危险化学品智能化管理系统对实验室危险化学品实现全生命周期管理,不仅对申购源头进行把控,而且对申购人员信息、申购数量、存放位置、领用记录进行全程监控,还能对空瓶回收和危险废弃物处置进行闭环管理。最终确保采购源头可追溯、使用过程管理规范、危险废弃物处置安全环保。此外,可通过智慧管控试剂柜进行危险化学品的管理,试剂柜配触控屏可智能显示储存的危险化学品相关信息,实时记录危险化学品的安全实况及储存领用情况,并可设置用户权限,实现"双人双卡"、人脸识别等方式开启柜门,进一步规范危险化学品的储存与领用管理。

4.1.4   安全与环境管理

良好的实验室环境及实验室的安全性是教学、科研及检验检测等活动顺利开展的基本保障。实验室安全与环境管理的基本要求有:实验室的研究设施或场所的环境参数应可以控制、监视和记录,并满足实验活动对其变化范围和控制精度的要求;当相关规范、方法或程序对环境条件有要求时,或环境条件影响结果的有效性时,实验室应监测、控制和记录环境条件;设施和环境条件应适合实验室活动,不应对结果有效性产生不利影响,对结果有效性有不利影响的因素有微生物污染、灰尘、电磁干扰、辐射、湿度、供电、温度、声音和振动等;

实验室应将从事实验室活动所必需的设施及环境条件的要求形成文件;实验室应实施、监控并定期评审控制设施的措施,如做好进入和使用影响实验室活动区域的控制,预防对实验室活动的污染、干扰或不利影响,有效隔离不相容的实验室活动区域等。

智慧实验室的安全与环境管理是利用智能化信息化技术手段,通过实验室安全培训与准入考核管理系统、实验室危险源管理系统、实验室安全检查系统、智能物联网环境监测管理系统和安全虚拟仿真系统,来达到实验室安全与环境管理的目的。智慧实验室的安全与环境管理主要包括以下六个方面。

(1) 利用实验室安全培训与准入考核管理系统,落实实验室安全准入制度,所有实验室人员必须参加安全知识学习,并通过安全考试方可获得进入实验室的资格。

(2) 利用实验室危险源管理系统,建立实验室安全分类和风险等级的动态管控制度,建立实验室安全风险清单和危险源的动态台账,确保实验室人员能实时掌握实验室的安全风险和危险源情况。

(3) 利用实验室安全检查系统,用"互联网+"的方式开展实验室安全检查工作,实现线上线下的无缝整合,促进实验室安全管理工作的精细化,提高安全检查工作效率,落实安全责任体系。

(4) 利用智能物联网环境监测管理系统,在实验场所安装环境监测装置,对气体浓度、温湿度等在线监测预警,配合智能视频监控系统、门禁系统、消防安全系统,确保实验场所环境安全可靠。

(5) 利用安全虚拟仿真系统,基于虚拟现实技术,建设安全教育培训平台,让实验室人员不受场地限制开展安全学习,体验虚拟化的真实场景。

(6) 智慧实验室的管理借助了互联网、物联网、人工智能、大数据和云计算技术,采集了大量的人员信息、实验数据信息等,并应用于实验室运行管理的各个方面。随着科学技术的不断发展,诸多信息安全问题也随之产生,加强信息安全管理主要从以下四个方面着手:①加强制度建设,以制度规范信息安全管理,明确信息安全总体方针与安全策略,建立健全智慧实验室信息安全保障体系,提高安全防护能力,确保智慧实验室信息安全工作规范。②加强服务器机房安全管理,避免机房因人为入侵、破坏或者自然灾害破坏造成信息泄露、信息丢失等情况。③加强网络安全管理,做好网络防护,避免计算机病毒或者黑客入侵;同时做好数据库备份。④加强信息安全管理队伍建设,提升工作人员信息素养。

4.2　智慧实验室综合管理平台

实验室信息化智慧化平台的建设是实现智慧实验室管理目的的基础和保障。智慧实验室综合管理平台把实验室的"人员""机器""材料""环境"四个环节作为抓手,通过"全面感知、可靠传递、智能处理",把仪器设备管理、耗材管理、安全准入管理、安全检查、安防视频监控、气体泄漏监控等整合到一起,打破信息孤岛,打造一个有可视化、安全化、智慧化的实验环境,最大限度地满足实验室使用者和管理者的需求,保障实验室各项工作高效有序运行,实现智慧化管理。

智慧实验室综合管理平台是基于数字化平台,采用统一信息门户、统一身份认证,实现数据互联互通、实验室信息共享,主要由人员管理、仪器设备管理、耗材管理、安全与环境管理四大子平台组成。实验室管理人员通过平台可以非常便利地管控实验室,随时查看实验室的相关数据或者信息,同时管理平台方便进行实验室相关采购、改造、环境监控与安全管理,方便使用者申请预约、自主使用,实验室安全等运行数据实时共享,各级管理部门可以及时获取相关数据,系统自动生成相关报表,管理平台使实验室管理从传统的人工管理转变为快捷高效的智慧管理,把管理工作从粗放式向智慧化、安全化、精细化管理转变,从而达到减少人力、物力、财力等资源的投入,提升工作效率和管理水平的目的。智慧实验室综合管理平台功能模块如图 4.1 所示。

图 4.1　智慧实验室综合管理平台功能模块

4.2.1　人员管理平台

　　智慧实验室的管理,离不开队伍的管理和建设,通过实验人员管理平台可以对实验室人员的基本信息、绩效管理、考勤管理等进行管理。

1. 人员基本信息管理

对实验室队伍的个人信息、文化程度、工作经历及合同情况等进行管理,管理员有权限对人员信息进行编辑、导入。员工登录个人账号即可在该模块查看实验室人员信息。"通讯录"功能栏按实验室领导、职能部门及其他性质人员分类,列表中显示人员所属部门、所属组别、姓名、手机等信息,方便实验室内部人员进行信息查找。

2. 内部邮箱

现阶段,社交工具特别发达,人员沟通经常利用 QQ、微信等社交工具,但是此类社交软件存在两个问题,一是一些涉及机密、关键技术的信息不适合在社交软件进行沟通,存在安全性问题;二是一些重要文件的传阅、修订需要留痕,社交软件容易造成文件丢失。因此,传统的内部邮箱系统仍然有其存在的价值。

3. 绩效管理

绩效考核,是指考核主体对照工作目标和绩效标准,采用科学的考核方式,评定员工的工作任务完成情况、员工的工作职责履行程度和员工的发展情况,并且将评定结果反馈给员工的过程;被考核人员对绩效指标进行确认,由相应领导对其进行评分,评分确认无误后,可将评分结果进行报送和审核,由员工的绩效考核记录,生成考核等级。

4. 考勤管理

完整记录员工考勤情况,员工上班前及下班后,在规定区域内通过手机端 APP 或蓝牙端打卡生成考勤记录,管理员定期将个人考勤记录上传至系统,员工可在"考勤记录"功能栏查阅自己的考勤历史。针对未打卡记录,员工可通过考勤异常处理补充说明原因并提交上级领导审核,最终形成完整的考勤结果,作为对员工出勤情况的考核依据。关于员工休假的管理类别可以分为个人休假信息、休假申请和休假查询。个人休假信息显示本人的年假、补休及其他假期的详细天数,员工通过"休假申请"功能提出休假申请,并于休假查询界面查看本人休假情况。

4.2.2 仪器设备管理平台

1. 仪器设备开放共享管理系统

仪器设备开放共享管理系统通过系统软件平台结合智能物联网终端设备(如门禁控制、智能电源控制终端、智能视频终端等),自动管理实验室的所有入网仪器设备,实时了解仪器设备当前的运行情况,同时实时掌握所有仪器设备的使用情况。对仪器设备的使用从用户自主预约、仪器操作培训、用户授权、预约审核,到仪器设备使用过程控制、仪器收费、数据记录生成、智能数据分析统计等实现流程化管理。对于实验人员,可通过该系统方便地对仪器设备进行预约和使用,无须通过原有的线下审批过程,全部线上操作,预约后到达实验室即可使用仪器设备;对于实验室,可以将贵重仪器设备开放给全单位使用的同时,更可以协助实验室人员轻松使用单位其他实验室的仪器设备,达到资源最大化利用和共享;对于实验室管理层,可以实时查看所有仪器设备的使用情况,系统还可以对接财务系统,让用户无须复杂的线下报销流程。

　　智慧实验室利用仪器设备开放共享管理系统取代传统的人工管理方式,进行仪器设备开放共享的使用管理工作,实现对仪器设备的自动化智慧化管理,摆脱烦琐的登记手续,减少人工成本,并生成绩效统计信息,有效管理知识成果,既可减轻实验室仪器设备管理员的工作量,又可避免手工化操作引发的不利影响,使得实验室资源利用最大化,使仪器设备充分发挥自身价值,促进教学、科研成果产出。系统主要功能如下:

　　1) 前台门户信息展示

　　仪器设备开放共享管理系统的前台门户可展示系统公告、实时数据、设备资源和仪器共享的政策法规等信息,搜索功能可实现对整个系统所有仪器设备的搜索查询。图 4.2 为前台门户信息展示示意图。

图 4.2　前台门户信息展示

2）人员管理

（1）人员权限管理

系统可将实验室各级管理员、实验用户授予不同的实验室权限，各自在权限范围内可查看不同的模块信息。如项目负责人可以查看项目组成员信息、添加成员，查看项目组成员进出实验室情况、使用设备情况、设备测试费用支出情况等，从而方便项目负责人掌握项目组成员实验情况。此外，针对大型仪器设备、与危险化学品相关设备等操作比较复杂的仪器，实验室管理员需对实验人员进行操作培训，使实验人员熟练掌握仪器设备安全操作规程及应急处置程序，对已通过仪器设备操作培训的人员可进行授权，使其具备预约使用相关仪器设备的资格。

（2）仪器运行监控/协助管理

仪器设备管理员可通过系统远程查看仪器设备的操作界面，并对仪器设备使用人员进行远程操作指导，满足远程操作指导等需求，同时能及时了解仪器设备的运行现状，实现对仪器设备管理的实时性和有效性。

（3）视频监控管理

视频监控管理模块能实时监测实验室和大型仪器设备的运转情况，根据需要对仪器设备所在的楼宇、楼道和实验室进行实时监控，以确保实验人员与仪器设备的安全。系统利用实时流媒体技术抓取网络摄像头记录的监控画面，并保留报警的监控图像，提供仪器设备关联摄像头功能，仪器设备和摄像头关联后，系统管理员通过系统能够方便快捷地实时监控实验室，掌握实验室的动态，无须登录或跳转至其他系统。同时，利用智能视频技术，对实验人员的实验操作过程进行监控分析，对于违反安全规定的实验行为进行及时制止，情节严重者会纳入黑名单取消实验资格。

（4）违规管理

系统管理员可针对迟到、早退、爽约、超时使用等行为设置违规次数，超过次数，系统自动将实验人员加入黑名单，黑名单人员不得使用实验室内仪器设备；针对实验人员违规，可在系统设置站内信通知。实验室管理员可通过系统对实验人员违规记录进行汇总查询。

（5）门禁管理

门禁系统能够对实验人员进入实验室进行权限分配和自动记录，同时还可以将实验人员进入实验室的权限与仪器设备的预约情况相关联，实现有预约的实验人员才能够进入仪器设备所在的实验室，以达到有效保护贵重仪器设备的运行环境的目的。

3）仪器设备信息管理

仪器设备管理员可在系统录入仪器设备的名称、型号、规格、价值、编号、来源方式、所属机构、仪器状态、所属仪器设备管理员和存放位置等详细基本信息，同时可按实际情况登记设备的状态，如校准日期、维修保养情况等，实验室可以根据仪器设备的使用情况定期检修设备，并及时更换老旧设备，避免设备老化造成的实验室安全事故。除了仪器设备基本信息设定，仪器设备管理员还可以设定仪器设备的黑名单设置、送样设置、预约设置、计费设置和视频监控等。图 4.3 为录入仪器设备信息流程图。

4）仪器设备开放共享管理

仪器设备开放共享分为自主上机操作和送样委托测试。自主上机操作的对象为已通过

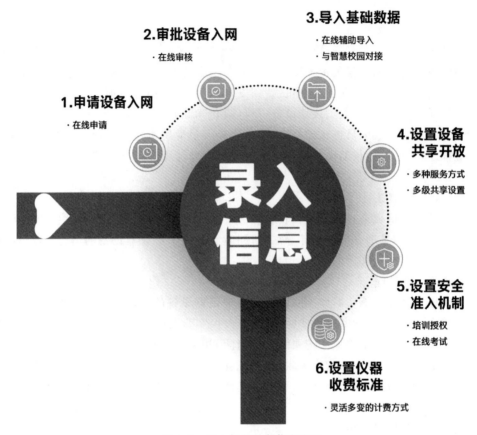

图 4.3　录入仪器设备信息流程

仪器设备操作培训考核的实验人员,在系统上申请后,经项目负责人、仪器设备管理员多级审核,预约成功后即可独立上机操作。送样委托测试是针对大型精密贵重仪器设备,由于实验操作非常复杂,需要由专职实验人员负责实验操作,故采用在线委托方式,仪器设备管理员审批后进行送样测试。仪器设备开放共享流程如图 4.4 所示。

　　5)自动计费管理

　　系统提供按预约时长计费、按使用时长计费、综合计费(预约和使用时长相结合的计费方式)、按使用次数计费、按样品数计费等多种不同的计费方式。实验人员使用仪器后,计费系统会结合实验人员预约记录和仪器实际使用情况,自动对费用进行结算。财务账户内包含详细的收支情况,支持导出打印收支报表和各仪器收费记录报表,从宏观上了解计费情况,可为仪器运行效益提供有力依据。自动计费管理特点如图 4.5 所示。

　　6)数据资料管理

　　(1)数据汇总图表

　　系统可通过对实验室仪器设备相关数据进行采集汇总,并针对实验室需要的数据指标进行汇总分析。通过实时采集实验人员使用数据、仪器运行数据、成果数据等基础数据,根据既定规则自动进行统计汇总分析,采用多种图形结合的方式直观展现统计汇总数据,实验室管理者可以在系统内通过搜索功能查看不同实验室、不同年份的统计汇总数据进行决策分析。数据汇总图表如图 4.6 所示。

图 4.4　仪器设备开放共享流程

图 4.5　自动计费

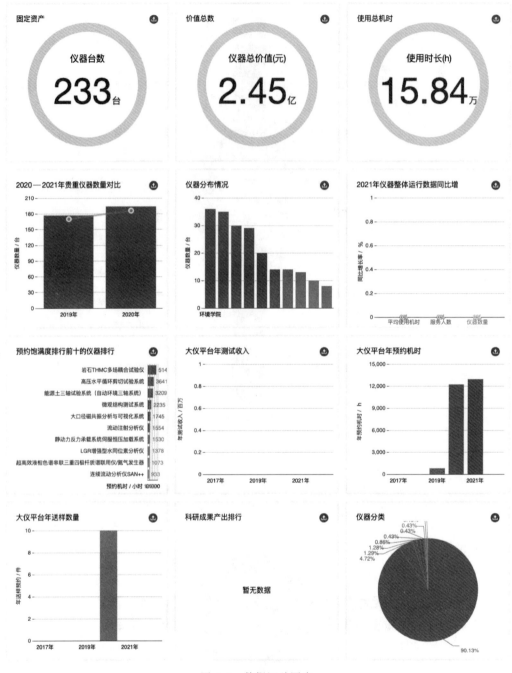

图 4.6　数据汇总图表

（2）使用数据分析

系统内所有仪器设备的运行数据均可进行汇总，如仪器预约、样品送样、仪器使用、仪器收费等，各类汇总数据以明细的方式进行展现。除明细以外，还可提供使用数据统计功能，对于仪器设备统计数据、机主服务数据、项目组使用数据等进行全方面统计。依据智慧实验室仪器设备开放共享管理系统的数据统计与分析功能，实验室管理者可实时掌握仪器设备的使用情况、实验室的运行状态等信息,如图 4.7 所示,可为后期仪器设备购置、实验室建设与开放等提供数据支撑,实现高效的实验室宏观管控。

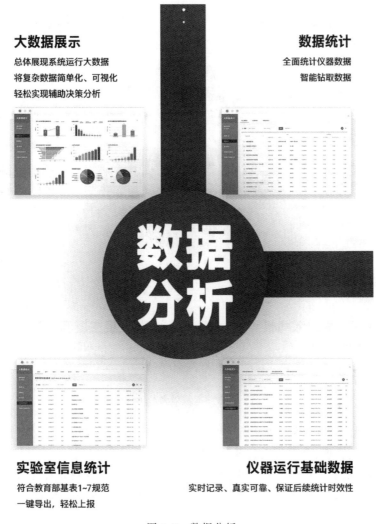

图 4.7　数据分析

7)绩效考核管理

实验室管理者可借助系统的绩效考核管理模块完成线上全流程绩效考核工作。在绩效考核工作初期,管理员可在系统上在线设置绩效考核工作,包括考核的范围与内容等,以满足实验室不同的考核要求。在绩效考核被填报后,管理者可通过系统完成绩效考核的审批流程,审批全部通过后,系统可自动根据字段的评分标准、加权比重计算考核得分,以避免人工计算带来的误差。此外,系统可完整地留存历史考核数据,实验室管理者可按照考核年份、考核仪器、被考核人、组织机构等多条件综合查询,以便做出与实验室管理相关的宏观分析与决策,如图 4.8 所示。

8)移动端应用管理

智慧实验室的仪器设备开放共享管理系统支持 APP 移动端管理,适用于系统管理员及

对外上报绩效考核
· 国家科技部考核
  一键上报、真实可靠
· 审计署考核
  自动生成、减少工作量

课题组层面绩效考核
· 课题组绩效考核

**学校层面
绩效考核**
· 贵重仪器绩效考核
  根据绩效考核作为采购、
  报废的依据

**机组层面
绩效考核**
· 机组绩效考核
  根据绩效考核结果作为机
  组考核的依据

学院层面绩效考核
· 单位绩效考核
  根据单位绩效考核作
  为优化资源配置的依据

机主层面绩效考核
· 仪器负责人绩效考核
  根据绩效考核结果作为仪
  器负责人考核的依据

图 4.8　绩效考核

普通实验人员,移动端管理的具体功能主要包括：注册登录、仪器查询、仪器管理、远程开关机、预约送样、审批管理、查看历史记录、统计、系统消息和系统设置。移动端作为管理系统的辅助工具,可使实验人员与管理员更加快速准确地了解相关仪器设备的状态,方便实验人员的预约使用,有助于管理员便捷高效地管理实验室的仪器设备,如图 4.9 所示。

2. 实验室开放管理系统

智慧实验室开放管理系统可为各类实验室提供开放预约平台,以提高实验室场地和实验仪器设备等资源的利用率,方便人员进行创新实验、科学研究及社会服务等项目的申报工作。系统主要功能如下：

1) 实验场地开放管理

系统提供给实验室人员一个实验场所与实验仪器设备的开放管理平台,实验人员能够预约实验场地、仪器设备开展自己感兴趣的实验,实验室管理员可以汇总相关实验房间开放的统计数据信息。实验室管理人员可设置好实验室开放时间、开放地点、容纳人数等信息,实验人员可通过网上预约使用相关实验室,系统会提醒实验室管理人员及时处理实验室开放预约申请,实验人员能够方便地查询到预约审批结果。

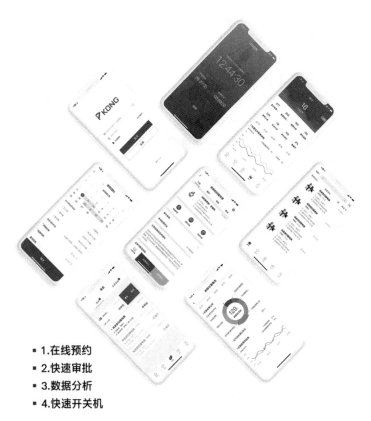

- 1.在线预约
- 2.快速审批
- 3.数据分析
- 4.快速开关机

图 4.9　移动应用

2）开放实验项目管理

实验室人员可借助系统进行创新性项目（开放基金项目）的申报、审批、项目执行过程管理、项目成绩和成果统计工作。

3）实验室开放统计报表

系统支持实验室开放情况统计、房间开放人时统计、实验室开放统计及实验室开放累计情况统计等，并可生成统计报表，同时可提供实验室开放情况等相应数据，为管理者对实验室的开放共享管理提供决策依据。

3. 可移动设备智能管理系统

目前，实验室对于非移动类的设备基本都可做到规范管理，但是对于可移动类设备的管理，还存在一定的管理漏洞。针对此类设备，智慧实验室可采用可移动设备智能管理系统，其利用现代化物联网技术，使仪器设备使用人员可在手机上一键申请仪器设备，通过扫描仪器二维码快捷领取和归还仪器设备，系统自动登记出入库及使用记录，使得仪器设备使用过程更省时、便捷。仪器设备管理员可进行仪器设备规范化管理、智能仓库无人化值守、一键导出仪器设备使用记录及出入库记录。系统主要功能包括仪器设备管理、库房管理、使用管理和用户使用。

1）仪器设备管理

仪器设备管理员可在系统录入仪器设备信息，然后系统可自动生成仪器设备二维码，实验室人员可以随时扫描粘贴在仪器设备上的二维码获取设备的相关信息。

2）库房管理

库房管理是指管理员可以对仓库主体、智能仪器柜模型、温湿度传感器模型等进行新增、删除、修改、绑定仪器等操作。仪器柜作为移动设备存储的柜子，创建仪器设备后可以把柜口与仪器进行绑定，做到一套仪器设备一个柜口，绑定后即可在仓库终端中扫描二维码进行出入库操作。此外，由于可移动设备对环境温湿度有一定要求，所以可以在每个库房配备温湿度传感器用以监控库房环境温度和湿度，且数据同步上传到智慧实验室综合管理平台。

3）使用管理

使用管理是指对异常、待保养、待检定的仪器进行处置，系统可以定期检测仪器是否接近或超过检定日期，并自动更改仪器状态。异常仪器包括停用、需维修等。仪器管理员可对异常仪器进行处理，如重新归为正常、待检定或待保养状态。待保养的仪器取出保养后再恢复为正常状态，会自动生成保养记录；待检定的仪器，检定完成后上传检定结果，即可把状态恢复为正常，并自动生成检定记录文件。管理员可以在仪器管理附件中下载保养记录或检定记录。

4）用户使用

可移动设备智能管理系统接入智慧实验室综合管理平台，实验人员登录后申请使用仪器设备，经培训后可以自助完成可移动设备领用、填写使用记录、归还入库、设备故障报告、仪器收费等操作，全过程无须人工干预。

4.2.3   耗材管理平台

1. 低值易耗品管理系统

低值易耗品管理系统可对实验室现有实验耗材和化学品进行信息化管理，实现库存零浪费管理模式。系统采用计划申报总量控制，实现宏观管理。各实验室根据计划采购入库或者直接购买，保证入账、出库、在账能够账目匹配，同时也可为下一年度经费计划预算提供依据。图 4.10 为低值易耗品管理系统主要功能模块。

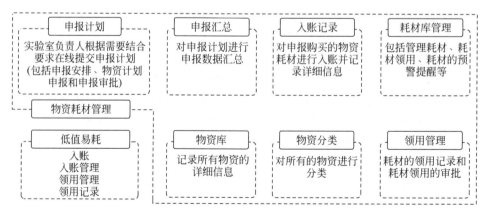

图 4.10   低值易耗品管理系统主要功能模块

2．危险化学品智能化管理系统

智慧实验室可利用危险化学品智能化管理系统实现对危险化学品申购、存放、使用与处置的全生命周期管理。系统严格按照国家化学品名录对实验室危险化学品进行区分，划分管制类型，保证相关基础信息数据库标准统一、数据精确、共享实时、查询便捷。管理员可通过系统对相关基础信息进行汇总、统计，系统自动化、智能化生成报表，支持查询和数据导出，可为各级管理层和管理部门提供相应的决策依据。

系统不仅可对申购源头进行把控，还可对申购人员信息、申购数量、存放位置和领用记录等进行全程监控，还能对空瓶回收和危险废弃物处置进行闭环管理。通过系统实现实验室所有危险化学品管理工作的信息化、网络化、智慧化，保证危险化学品管理制度长期运行的规范化、流程化、协同化。系统对危险化学品具体的管控流程如图 4.11 所示。

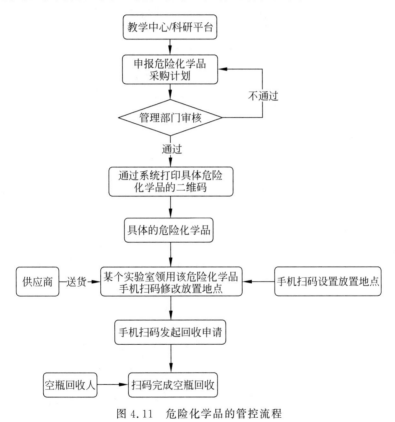

图 4.11　危险化学品的管控流程

3．智慧管控试剂柜管理系统

针对危险化学品，智慧实验室可以通过合理分类存放，采用有智慧管控试剂柜管理系统的试剂柜进行管理。

1）分类

从配伍禁忌、不能混放的角度出发，部分管制类危险化学品（剧毒品、第一类易制毒品除外的管制类化学品）的分类存放建议如表 4.1 所示。

表 4.1　部分管制类危险化学品分类存放建议

分类	试剂品种	管制类别	品　　名	备注
1	酸、腐蚀品	易制毒品	盐酸、硫酸、苯乙酸、醋酸酐、溴素	
		易制爆品	硝酸、发烟硝酸、高氯酸、过(氧)乙酸	
2	氧化剂、无机盐	易制爆品	高锰酸钾	有防泄漏托盘、有通风
		易制爆品	硝酸盐类： 硝酸钠、硝酸钾、硝酸铯、硝酸镁、硝酸钙、硝酸锶、硝酸钡、硝酸镍、硝酸银、硝酸锌、硝酸铅 氯酸盐类： 氯酸钠(含溶液)、氯酸钾(含溶液) 高(过)氯酸盐类： 高(过)氯酸锂、高(过)氯酸钠、高(过)氯酸钾 重铬酸盐类： 重铬酸锂、重铬酸钠、重铬酸钾、重铬酸铵 高锰酸盐类： 高锰酸钾、高锰酸钠 无机过氧化物类： 过氧化氢溶液、过氧化锂、过氧化钠、过氧化钾、过氧化镁、过氧化钙、过氧化锶、过氧化钡、过氧化锌、超氧化钠、超氧化钾 有机物类： 过氧化二异丙苯、过氧化氢苯甲酰、过氧化脲、硝酸胍	
3	有机试剂、还原剂	易制毒品	第二类： 三氯甲烷、乙醚、哌啶、乙基苯基酮及前述所列物质可能存在的盐类 第三类： 甲苯、丙酮、甲基乙基酮	有通风
		易制毒品	有机液体类： 硝基甲烷、硝基乙烷、1,2-乙二胺、一甲胺溶液、水合肼 有机固体类： 六亚甲基四胺、一甲胺、2,4-二硝基甲苯、2,6-二硝基甲苯、1,5-二硝基萘、1,8-二硝基萘、2,4-二硝基苯酚(含水≥15%)、2,5-二硝基苯酚(含水≥15%)、2,6-二硝基苯酚(含水≥15%)、季戊四醇(四羟甲基甲烷)	
4	活泼金属等	易制爆品(遇水爆炸或燃烧、易燃固体)	锂、钠、钾、镁、镁铝粉、铝粉、硅铝、硅铝粉、锌灰、锌粉、锌尘、锆、锆粉、硫黄、硼氢化锂、硼氢化钠、硼氢化钾	隔水 隔氧 隔热
5	爆炸品	爆炸品	硝酸铵、2,4,6-三硝基甲苯(TNT)、2,4,6-三硝基苯酚(苦味酸)、季戊四醇四硝酸酯	双人双锁
		易制爆品名录中的爆炸品	氯酸铵、高(过)氯酸铵、二硝基苯酚(溶液)、2,4-二硝基苯酚钠、硝化纤维素(硝化棉)、4,6-二硝基-2-氨基苯酚钠(苦氨酸钠)	

2) 智慧管控试剂柜

试剂柜配备彩色触控屏,屏幕可以显示柜内外的危险化学品使用情况、温度、湿度及尾气的污染物含量、风机转速等数据,根据危险化学品的实际使用情况智能化进行需求提醒与库存管理安全实况记录;不同身份会用权限设置,取用危险化学品时通过双人双卡、人脸识别、录入领取凭证信息等方式开启柜门;同时其提供完善的接口,实现与低值易耗品管理系统、危险化学品智能化管理系统等系统之间数据的统一规范管理,实现数据变化的一致性控制。

4.2.4　安全与环境管理平台

1. 实验室安全培训与准入考核管理系统

实验室安全培训与准入考核管理系统是实验室人员使用实验室其他业务系统的第一道防线,通过考试来验证实验室人员的专业素养是否达标,智慧实验室基于此系统可从源头上对"人"的安全行为进行监管,避免人为因素导致的实验室安全事故。所有需要进入实验室开展实验的人员,在进入实验室前必须在该系统通过安全培训与准入考核,方可注册成为实验室平台用户,并取得进入实验室的资格。实验室管理员可以通过该系统统一分发安全培训需要学习的课件资料、规章制度、图片资料和考试内容,并可对考试结果进行统计,例如对考试人数、参加人数、通过人数、未通过人数、通过率(%)等,方便及时查看各人员的培训和考试效果情况。实验室人员登录系统可以进行知识学习、模拟自测、考试及补考等操作。同时考试系统可以与其他业务系统进行对接,实现自动判断准入机制,自动向考试系统进行跳转,如同仪器设备管理系统对接,实现有资质人员才可使用仪器;同耗材管理系统对接,实现有资质人员才可进入耗材系统;同门禁系统对接,实现有资质人员才可进入实验室房间等。系统业务流程如图 4.12 所示。

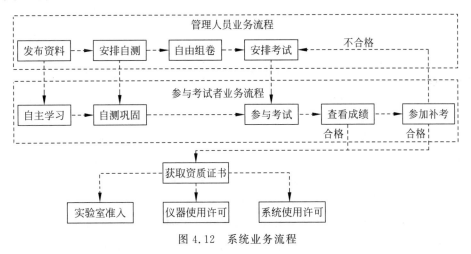

图 4.12　系统业务流程

2. 实验室危险源管理系统

"危险源"的含义非常宽泛,根据不同行业特征及安全生产工作实际不断发展演化,且和研究者选取的事故致因理论高度绑定,目前学术界没有统一定义。在《职业健康安全管理体系　要求及使用指南》(GB/T 45001—2020)中,"危险源"的定义是:可能导致伤害和健康损害的来源,包括其来源本身及导致来源存在的环境。这是目前应用最为广泛的定义。不同行业的不同安全生产工作应结合行业规定和业务需求选取适用的定义。

危险源可分为两类:第一类危险源,是指能量或能量的载体,决定事故严重程度;第二类危险源,是导致约束、限制能量的措施(屏蔽)失控、失效或破坏的各种不安全因素,包括人的不安全行为、物的不安全状态以及管理缺陷,决定事故发生的可能性。危险源由3个要素构成:潜在危险性、存在条件和触发因素。其中,潜在危险性是指一旦触发事故,可能带来的危害程度或损失大小;存在条件是指危险源所处的物理、化学状态和约束条件状态;触发因素虽然不属于危险源的固有属性,但它是危险源转化为事故的外因,而且每一类型的危险源都有相应的敏感触发因素。

在智慧实验室环境下,危险源可理解为:可能导致实验室范围内人员、机器、原料、软件、环境和(或)知识产权损害的根源、状态或行为,或其组合。高校智慧实验室风险主要来源有硬件因素和软件因素,包含设备设施、管理体系与运行管理等。与传统实验室区别在于,智慧实验室风险来源更加复杂,软件因素占据更大比例。

智慧实验室的危险源管理是基于实验室危险源管理系统,建立实验室安全分类和风险等级的动态管控制度,并建立实验室安全风险清单及实验室危险源的动态台账。绘制实验室风险点、危险源分布电子地图,标注位置分布、风险类别、风险特征等基础信息。实现管理者在线以及手机扫码可查看各个实验室耗材、气瓶、病原微生物、有毒有害生物制剂、实验动物、特种设备、大功率加热设备、压力容器、仪器设备等以及其他所有危险源的采购、使用、库存台账数据等信息。

根据实验室风险源分布清单,落实不同风险等级的差异化动态管理,明确管控和监管责任单位,以方便督促风险点、危险源的责任主体落实相应的管控措施,切实降低安全风险。由实验室按照相关法律法规和标准规范制定并落实针对相应风险级别危险源的具体管控方案,通过系统报上级主管部门审核和备案。

1) 危险源辨识

根据《生产过程危险和有害因素分类与代码》(GB/T 13861—2022)、《危险化学品重大危险源辨识》(GB 18218—2018)、《风险管理 风险评估技术》(GB/T 27921—2023)对生产过程危险和有害因素分类与编码:人的因素,物的因素,环境因素,管理因素,由系统管理员对整体的危险源进行维护,然后形成具体的风险清单,并对风险源依据风险等级以不同的颜色进行区分展示。危险源数据主要来源于:

(1) 危险化学品数据可从智慧实验室综合管理平台危险化学品智能化管理系统数据库进行实时获取。

(2) 生物类危险源数据可从低值易耗品管理系统进行实时获取。

(3) 设备类数据从仪器设备开放共享管理系统获取。

(4) 其余没有信息化系统的危险源数据由实验室定期进行盘点并将数据导入系统或者进行输入填报,并由管理员进行审核,然后同步到上级主管部门进行备案。

2) 风险评估审核

由实验室建立针对重要危险源的风险评估,由实验室进行信息填报,报上级主管部门审核和备案。风险排查是动态发现、筛选并记录各类风险点、危险源的过程。基于全面系统的原则,对实验室各类风险点、危险源进行普查和识别,系统掌握风险点、危险源的种类、数量和分布状况,摸清安全风险底数。风险点、危险源的风险排查、分析和评级结果均需建档,做到"一源一档"。实现风险点、危险源的清单化、动态化管理,保证风险点、危险源清单信息的准确性。

3) 应急管控方案

由实验室按照相关法律法规和标准规范制定并落实针对相应风险级别危险源的具体管

控方案,并报上级主管部门备案。

4)危险源分布清单

实验室负责人根据给定的危险源模板,结合实验室的实际情况进行填写和勾选,形成每个实验室的风险清单。建成实验室风险点、危险源分布电子地图,标注位置分布、风险类别、风险特征等基础信息。系统可以对实验室房间放置的危险化学品数量进行设置,超出对应要求的将自动进行报警处理。

5)危险源台账

系统结合病原微生物、有毒有害生物制剂、实验动物、特种设备、大功率加热设备、压力容器、仪器设备等数据,建立实验室的危险源动态台账,为实验室安全检查系统提供检查的依据。实现风险点、危险源数据库与其他相关数据库之间的数据关联和交互。

6)检查系统联动

根据实验室安全风险清单和建立的实验室危险源的动态台账,系统自动对实验室进行安全分类和风险等级的动态评估,然后将实验室动态的安全分类和风险等级数据以及实验室的危险源数据推送给实验室安全检查系统,作为安全检查的依据,同时将安全检查的结果同步进行更新。

3. 实验室安全检查系统

实验室安全检查是保障实验室安全的重要手段之一。智慧实验室是基于实验室安全检查系统,用"互联网+"的方式支持实验室安全检查工作的开展,实验室安全检查系统是专门为实验室安全检查打造的信息化智能化安全检查平台,适用于高校建立学校、学院、实验室三级安全责任体系,可实现线上线下的无缝整合,有利于促进高校实验室安全管理工作的精细化管理,提高工作效率,落实安全责任体系。系统的业务流程如图4.13所示。

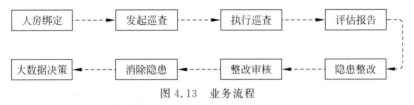

图 4.13　业务流程

实验室管理员可在系统直接导入校级检查条目,也可将校级检查条目关联到国家教育部检查条目,既方便实验室日常的检查工作,也方便后续向上级管理部门进行汇报。对于实验室成员,人房绑定可以明确房间的安全责任归属,落实安全三级责任制,在上级发起巡查任务时,房间安全责任人可以优先按照条目进行自查;巡查结束后,可以通过手机移动端查看巡查结果,并按照条目进行整改,以往线下复杂的任务,可以轻松通过手机移动端有条理、有迹可循地进行强化。对于学院,可以通过平台轻松发起巡查,通过手机移动端轻松执行巡查,并自动生成评估报告进行分发,责令整改,并可以对整改情况进行安全复查,确保隐患的消除。对于学校,可以查看全校范围内的安全检查实施情况,以往人工的逐级分发、逐级巡检、汇总统计十分耗时耗力,通过安全检查系统,可以将以往的线下工作,迁移至线上,一键分发任务、一键查看检查过程、一键查看检查结果汇总,极大地提升安全检查的效率。

4. 智能环境监测管理系统

智能环境监测管理系统基于信息化智能化技术手段,配合智能视频监控系统、门禁系统和消防安全系统,可保障智慧实验室现场环境安全可靠。在实验室安装环境监测装置,设置监测报警和联锁保护系统,对危险气体、温湿度等进行在线监测预警,监测数据超出规定范围时,将进行现场和远程报警,联锁保护系统也会采取自动切断电源;温度超过限定值时,自动启动喷淋系统,及时降温或控制火情。

1)气体安全及环境监测系统

(1)危险等级设置与分级上报管理

实验室管理员可根据气体浓度设置多级报警和应急处理方案提示,系统具备三级报警功能。35％LEL、50％LEL、75％LEL(lower explode limit,爆炸下限)分别对应预警、一级报警、二级报警,给管理员提供足够的响应处理时间,以便及时发现并通知负责人排查问题。

(2)全局报警监控和地理(GIS)监控管理

实验室管理员可在基于地理位置的监控显示界面实时查看各实验室内的气体安全状况。在险情出现时,能够通过手机 APP 和 Web 监控平台第一时间掌握实验室内危险气体的种类、浓度、房间视频监控情况以及实验室安全责任人的姓名和联系方式,便于追踪处理方案,了解处理效果。同时,根据系统提供的处理意见提示,安全管理员可全局协调安全风险的处理资源、人员和部门,缩短处理时间,降低处理风险。实验室管理员或项目负责人可通过手机 APP 和 Web 管理平台,直观查看自己关注的实验室的安全状态,历史报警记录和报警处理情况,如图 4.14 和图 4.15 所示。

2019-08-22 14:09:34　　　　误报,已排除危险　　　用户[盛振   ]进行[误报,已排除危险]操作·附注:无
2019-08-22 14:09:29　　　　误报,已排除危险　　　用户[盛振   ]进行[误报,已排除危险]操作·附注:无
显示全部

数据
当前数值 氧气过高 : ––%
显示曲线图(警报开始前后五分钟)

关联摄像头:
21-病理实验区切片室　　　查看
显示摄像头:21-病理实验区切片室　　取消

建议处理措施:

急救措施
吸入:迅速脱离现场至空气新鲜处。保持呼吸道畅通。如呼吸停止,立即进行人工呼吸,并拨打120急救。

应急处理
迅速撤离泄漏污染区人员至上风处,并进行隔离,严格限制出入,切断火源。建议应急处理人员戴自给正压式呼吸器,穿一般作业工作服,避免与可燃物或易燃物接触。尽可能切断泄漏源,合理通风,加速扩散,漏气容器要妥善处理,修复、检验后再用。

图 4.14　警报监控

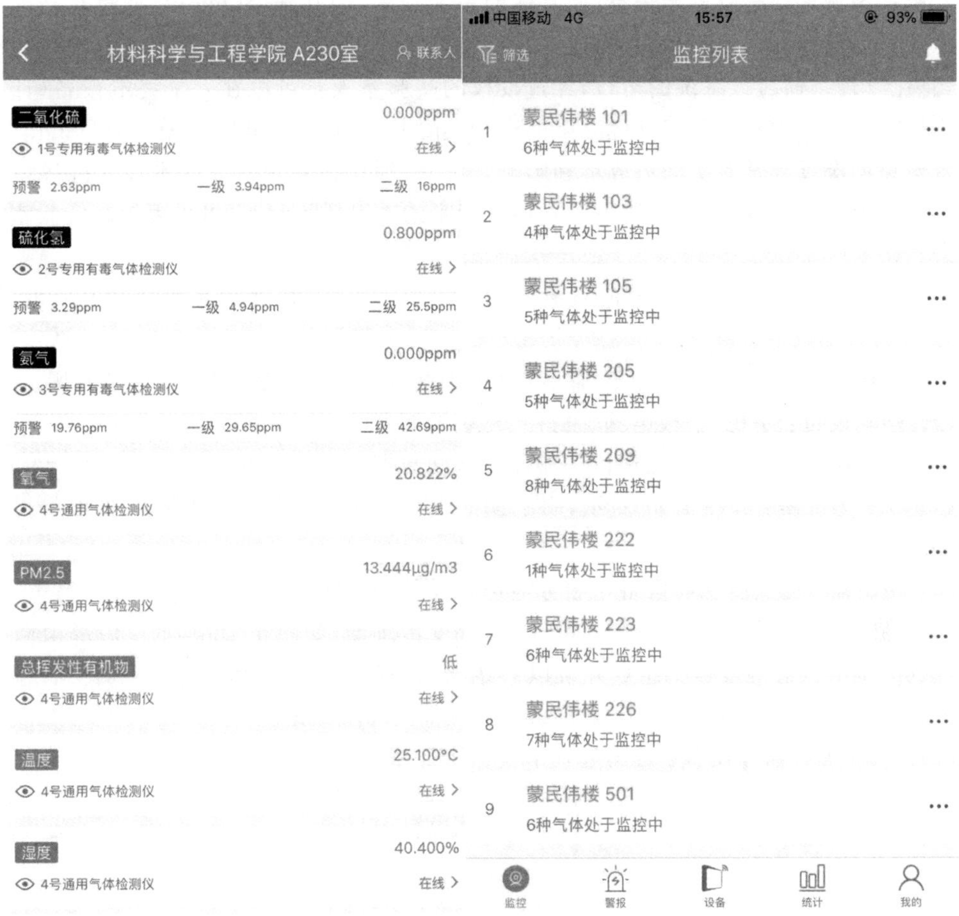

图 4.15　报警查看

（3）多端推送

系统支持 APP 报警、Web 报警提醒，提供 Web 管理界面，完成信息的同步推送，提高实验室风险排除效率。管理员可在系统上查看历史报警数据，报警处理人和处理后危险气体浓度。

（4）统计分析

系统可实现气体预警的统计功能，管理员可查看所有房间的报警详情与统计报表，统计出实验室部署的房间数、设备数、报警次数以及平均响应时间和平均关闭时间等信息，从而有目的、有针对性地管理实验室的安全。

2）实验室温湿度综合管理系统

实验室环境条件直接影响着各种实验或检测结果，实验室与仪器设备的温湿度控制与记录是保证实验结果准确性的重要因素。目前，大多数实验室与仪器设备的实验环境控制及记录文件各自独立分散管理，现行的分散管理和记录需要耗费大量的人力成本和时间成本。智慧实验室可以根据需要实现对仪器设备所在的实验室或实验仪器设备进行环境温湿度的监控，主要是基于实验室温湿度综合管理系统对实验环境进行系统化、信息化和智慧化管理。

实验室温湿度综合管理系统是以"互联网＋大数据"为基础,其核心是通过高精度带液晶显示 Wi-Fi 传感器,并基于物联网技术对传统独立分散的环境监控设备进行统一的智慧化、信息化管理。通过该系统的运行,经过授权的实验室人员可以在一个终端设备(计算机端或手机端)上,实现对实验室环境温湿度进行实时监控与管理,并随时做出应急工作调整,可有效避免温湿度异常对实验造成不利影响。此外,通过该系统建立的本地实验环境数据库可直接生成环境温湿度记录,避免人工抄写带来的效率低下问题,可显著提高实验室管理水平。

实验室温湿度综合管理系统的设计原理如图 4.16 所示,管理系统主要由七个部分组成:

(1) 数据管理系统:收集、归类、储存、处理物联网服务器发送的数据,以备调用。

(2) 移动设备:手机、平板电脑、手持式终端控制器。

(3) 物联网服务器:用于处理传感器设备之间数据的订阅和发布。

(4) 显示大屏幕:如图 4.17 所示,用于预览所有传感器采集的实时数据、曲线等可视化信息。

(5) 路由器:提供传感器设备与服务器进行连接的无线网络。

(6) 传感器:高精度带液晶显示 Wi-Fi 温湿度传感器,如图 4.18 所示。内部由微控制器、显示屏、集成式温湿度探头组成并且以 C 语言编写执行程序;其功能为采集实验室环境数据如温度、相对湿度等,也可以采集仪器设备内部的环境数据。

(7) 空调、加湿器等设备:可由远程下发命令控制设备的运行状态。

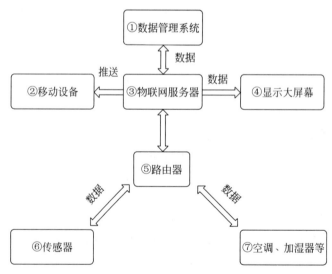

图 4.16　实验室温湿度综合管理系统设计原理

实验室温湿度综合管理系统基础运行过程为:首先由传感器通过内部集成探头测得温湿度数据,传感器内部微处理器将数据处理压缩后经无线网络连续发送,直到服务器回应收到,服务器将各传感器的原始数据过滤、分类储存起来,生成可供大屏幕显示使用的可视化数据。同时,服务器会对数据进行分析,各项监测数据超过默认范围值的时候会通过中国移动后台向实验室管理员发送短信消息提醒。数据管理系统会固定周期访问服务器获取历史

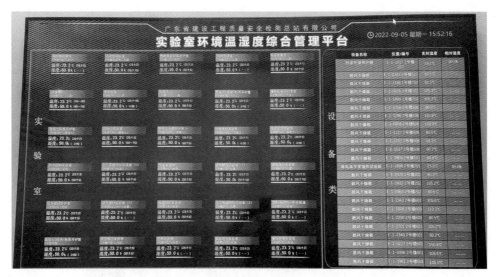

图 4.17　实验室温湿度可视化平台展示

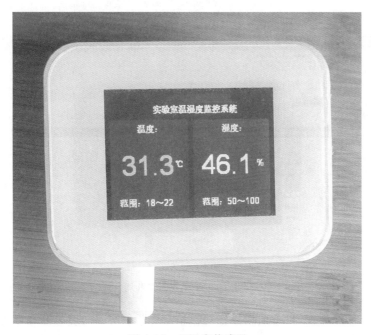

图 4.18　温湿度传感器

数据用于储存数据以便于拥有相应权限的使用者调用。图 4.19 为实验室温湿度综合管理系统的台账管理界面,通过实验室温湿度综合管理系统查询温湿度数据库如图 4.20 所示。

5. 安全虚拟仿真系统

现阶段,虚拟现实和增强现实技术普遍应用于开发虚拟仿真实验室,用于支持科研、教学等活动的开展。特别是在实验室安全教育方面,基于虚拟现实技术开发的安全虚拟仿真系统可以让实验室人员身临其境,更有效获取并熟练掌握实验室安全相关的知识,如在实验

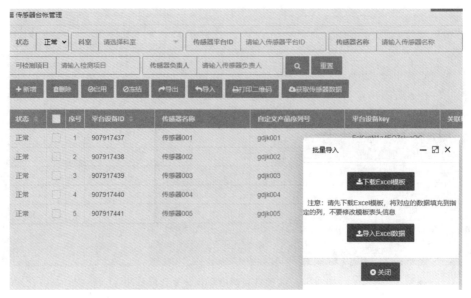

图 4.19　管理系统-台账管理界面

图 4.20　系统数据库查询

室内基本的安全操作规程、设备使用操作规程和发生紧急情况的应急处理方式等,使实验室人员牢固树立安全意识。实验室人员安全教育可以从个人防护、实验室整体认知、风险识别及实验室应急应变四个大方向开展。

在个人防护方面,主要是创建个人防护安全 3D 仿真软件,结合实验室现场环境及 VR 技术,对进入实验区域后的个人防护措施和行为准则进行规范,范围覆盖实验过程全阶段。如针对不同场景如何正确穿戴安全帽、防护服、劳保鞋等劳保用品。

在实验室整体认知方面,对现有实验室不同功能区进行模块建立,单击特定的分区进入具体场景。理化实验室主要包括实验室走廊内设施设备认知,更衣室设施设备认知,主实验区域设施设备认知,药品室设施设备认知,休息室讲解认知以及表征室设施设备认知等。让实验人员在进入实验室前就对实验室整体有个整体认知。

在风险识别方面,为保证安全,实验人员在实验前必须熟悉实验内容、操作步骤、实验可能存在的危害性以及各类仪器的性能,明确操作规程。还需特别注意实验室守则及仪器设备的按规使用,经常对实验室进行排查,发现不合适现象及时纠正。

在应急应变方面,主要培训学生对常见事故应急处理的基本技能,包括实验室火灾事故应急处置及化学品洒出应急处理。以增强学生对启动和响应学校实验室专项应急预案的能力,向学生传递实验室应急应变中风险识别,快速获取实验室危险源信息以及处置事故中保持信息沟通的重要性。

4.2.5　业务集成管理平台

智慧实验室的信息化管理程度较高,各信息化管理系统促进了实验室各项业务的智慧化运行,而业务集成管理系统可以提供标准的接口实现对子业务系统的弹性扩充,将智慧实验室内各类业务系统进行集成管理,对于一些公共信息如人员、权限等可进行集中管理,减少不同系统间信息更新不同步造成的信息紊乱,提高各系统运行的稳定性。系统可以采集所对接业务系统的数据,在统一一个模块对某个房间内各层面信息进行展示。统一管理可减少用户重复手动更新、同步、修改的操作,从而提高工作效率。

1. 个人仪表盘

个人仪表盘是实验室人员的各类子业务数据汇总展示与处理界面,在个人仪表盘中实验室人员可根据自己的需要调配自己的界面布局,将自己所需要的业务数据信息直接展示到界面中,建立个性化的仪表盘,如图 4.21 所示。在个人仪表盘中,可以自由调整仪表盘内各工作面板的顺序、大小及显示方式,从而满足管理需要。另外在个人仪表盘中可以直接单击进入每一套业务系统中,不需要再在每个业务系统登录地址中来回切换以及验证登录信息。

图 4.21　个人仪表盘

2. 公共信息管理

1）成员管理

人员数据往往是重复保存在各个系统各自的数据库中，当一个人员数据修改时，往往要重复对多个系统分别修改，工作量大。在成员管理模块中，业务集成管理系统将人员信息进行对接，对于成员基础信息的变动可以在成员模块直接进行添加、删除、编辑等操作，业务系统则直接从此抓取人员数据，实现多业务系统人员信息同步对接，满足实验室统一管理的需求。

2）权限管理

在权限管理中仍然惯用"分组"的形式对业务的数据权限、功能权限等进行区分管理。在权限管理模块中可以实现对某一业务进行权限划分，对某一已有角色或新建角色通过勾选的方式赋予不同的职能，然后对某一类角色关联相关用户完成对不同成员进行权限分配，最终实现多级成员角色层层分配。

3）地理信息管理

地理信息管理是以"楼宇-房间"为单位进行的管理，可以对各业务系统所涉及的楼宇房间进行编辑，为指定楼宇和房间设置相应负责人及其信息以及相应地理位置信息。此外，系统还可以查看房间内各业务系统所采集到的数据信息，如房间气体监测的数值、视频监控信息、化学品的存量、仪器的运行状态以及房间人流量的情况等。同时，地理信息模块配备了地图功能，在地图上就可以看到各业务系统所涉及的楼宇标识，单击楼宇标识或直接搜索楼宇相关关键字后也可以逐级进入到房间。

4）日志管理

日志管理模块可以记录实验室管理员在业务集成管理系统内的每一次操作，包括操作时间、操作用户、操作类型、操作状态、操作参数及 IP 地址等信息，管理员可按操作时间、操作用户、操作类型进行高级搜索及按操作条目数下载导出，以便在必要时通过分析操作日志查找问题原因，确保出现问题能够追根溯源。

4.3　智慧实验室数据共享管理

随着高校教育由信息化逐步进入到智慧校园建设新阶段，高校各学院、科研单位实验室管理信息化手段的建成时间、建设技术和数据存在较大差异，数据无法共享，从而造成"数据孤岛""信息孤岛"等问题，各业务系统之间的数据质量参差不齐，数据价值难以实现，数据无法共享，也大大增加了师生的工作量。许多高校每年进行教育部的高校实验室基础数据填报时，各实验室数据需要数据流转仍然全靠线下纸质材料完成，内容多次填报极易填写错误造成数据失真。

传统实验室数据共享平台存在的问题比较突出。一方面，传统方式建设实验室系统时，不同团队通常会构建独立的数据库，导致相同的内容在多个业务系统中表述不一致，出现问题时单一系统修改无法同步到所有关联业务系统。如对于楼宇内实验室房间表述，往往管理人员就会根据自己的理解进行命名，造成同一实验室房间多种表述问题，如果有一套统一的物业数据子系统，各业务系统直接从该子系统进行数据抓取，就可以形成统一的数据标准、数据管理流程及可靠的管理工具,出现问题时可以有效溯源纠正,而且如今部分高校对实验室会收取资源占用费,有了该子系统配合学校财务系统,可实现一站式收取,避免错漏。另一方面,许多业务系统是"烟囱"式系统,即不能与其他系统进行有效协调工作的信息系统。高校内有多个业务部门,各部门在信息化建设过程中,为满足各种不同业务目的而开发,其数据格式没有统一规范,相互之间没有联通、数据更没有整合,像一个个"烟囱"。"烟囱"式架构是传统系统开发的弊病,不同业务部门独立建设、独立开发服务和应用,带来安全、运维、升级、部署等通用功能的重复开发和投入问题,这种开发的低复用率带来了巨大资源浪费。如科研实验室、学院、学校均有自己的仪器共享平台,平台间相互独立,无数据交换,建设时重复开发浪费经费,到学校按相关管理部门要求进行设备共享情况数据上报时,各单位共享数据格式又不一致,还需要人工处理,造成人力资源浪费。

因此,为解决传统实验室数据共享问题,实现业务系统间互联互通、数据共享交换、各业务协同,构建智慧实验室数据共享管理平台十分必要,平台应包含数据中台建设、数据可视化、数据分析和数据上报四部分。

4.3.1　数据中台

1. 系统概述

数据中台的作用是对获取的各类数据进行加工,以获取分析结果,然后提供给各业务系统使用。智慧实验室的数据中台是采用标准的服务接口兼容各部分的多业务系统,可提供统一身份认证与单点登录机制以方便实验室管理员在入口处对业务系统进行管理。数据中台内子应用引擎兼容各业务系统,使业务流程的建立与优化响应过程更为高效。子应用通用数据分析引擎对各业务系统创建的数据进行处理分析,提供更多用途的数据分析文件。

2. 底层基础子系统建设

作为整个平台的基础支撑,底层基础子系统是整个平台的统一管理后台。通过底层基础子系统,可以对具备共性的功能模块进行统一设置和调整,节省工作量,实现自动化管理;同时,其他子系统与底层基础子系统进行交互或基于底层基础子系统进行设计,可保证平台内系统管理方式、界面风格保持一致,便于统一规范化管理。底层基础子系统功能结构如图 4.22 所示。

3. 各业务系统数据对接

系统与学校数字化校园、一卡通、统一身份认证、教务系统、财务管理系统、资产管理系统等对接,通过构建底层基础子系统作为整个平台的基础支撑,实现系统数据的权威提供和共享互用。

(1) 与校园一卡通系统、统一身份认证系统进行对接,用户一卡通登录,实现统一身份认证。

(2) 与学校资产管理系统对接,实现资产管理系统的仪器设备等基础数据实时同步共享,保持无缝衔接。

(3) 与高校现有的仪器设备共享管理系统的实时基础数据动态同步和共享,保证本平台与仪器设备共享管理系统的仪器使用、成果、维修等基础数据实时同步共享,保持无缝衔接。

底层基础子系统

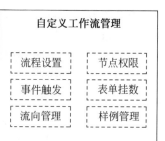

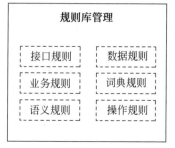

图 4.22　底层基础子系统功能结构

4．统一数据安全容错系统

为确保数据的完整性和准确性,系统需要提供数据容错机制,当发生业务数据异常时能有效进行数据容错和恢复。系统提供统一错误处理中心,当错误中心收到错误信息后,能自动识别错误的业务类别和触发来源,并根据业务修复中心,对异常的错误尝试重做或回滚操作。并可以按自定义的选择条件,导出错误日志和处理方案,为系统管理员把控系统整体运行情况提供重要依据。

系统的错误业务数据,将记录在日志文件中,方便系统工程师对问题进行追踪和排除,同时将错误信息存储在数据库中,方便系统管理员对问题的统计,以便更直观地反映系统的运转情况。

4.3.2　数据可视化

1．中控展示

中控展示作为智慧实验室综合管理的综合数据可视化展示平台,通过对数据抓取,实现:仪器设备管理方面,通过中控大屏终端展示出全平台仪器设备数据总览,包括但不限于仪器设备总数、使用排名、使用情况、预约情况等,实现管理者在中控大屏终端即可对全平台仪器设备管理情况了如指掌,同时通过视频监控模块,可以在中控大屏终端对重点关注的房间进行视频巡查,实时查看房间状态。气体监测方面,在中控大屏终端可以对每间实验室气体监测情况进行查看,如发生气体泄漏事故时,中控展示子系统能得到预警信息并立即跳转到预警位置方便查看现场情况,从而可以第一时间对险情加以控制。中控展示子系统接口需标准,支持第三方业务系统对接,从而实现更多的可能性,如可对接第三方智能排风系统,如果实验室发生气体泄漏等情况时,可跟排风系统进行联动,保证人员安全。环境温湿度控制方面,如有温湿度控制要求的实验室或仪器设备内部温湿度数值超过设置范围值时,中控大屏终端能报警提示,包含但不限于具体实验室位置、仪器设备名称及异常数据情况等。

2. 电子门牌展示

在实验室门口设置智能电子门牌,将实验室内采集到的数据进行展示,包括但不限于实验室简介、房间人数、仪器使用状态、危险源、应急处置措施等,提供视频播放功能,播放消防知识视频、危险实验室操作规程视频,随时对实验室人员进行安全教育培训,实现"事前的预防";同时也可集成门禁及报警功能,对人员进出进行管理,一旦有异常情况,电子门牌可以蜂鸣预警。

4.3.3　数据分析

数据分析引擎是智慧实验室数据重点,采用通用标准接口,与业务系统对接,并导入数据。能对业务系统产生的数据进行统计分析计算,并且提供明细查询、数据钻取、数据超出预警等功能,满足实验室管理员对多业务系统进行数据分析处理的需求。需能实现以下功能。

（1）管理员选择相关系统,选择数据表即可展现该系统下该数据表的所有字段,可以根据需要筛选需要的信息与数据。

（2）管理员可以对获得的数据进行多样化处理。如数值中的数据字段可进行各种计算：求和、求平均值、最大值、最小值等。

（3）数据分析结果以丰富的图表类型展示,如表格、饼状图、柱状图、折线图、面积图等,管理员可快速掌握实验室情况。

（4）跨数据表联合查询：管理员可通过设置字段关联的方式将多个数据表进行关联查询,使相关数据表之间建立关联。

（5）数据钻取：统计图表是在宏观层面上显示业务数据信息,可通过页面内的钻取联动逐级下钻,更精准化地定位数据信息。

（6）查询数据明细：管理员可以在统计表中查看当前数据的明细,清楚地了解当前统计数据的明细记录。

（7）数据预警提醒：管理员设定预警阈值,当统计数据超过阈值时发出通知,手机短信、微信、邮箱多终端提醒。

（8）预制数据文件模板：管理员可根据业务系统的需求进行模板定制,定制后的模板可用于创建同类型的数据分析文件。

（9）当技术发展到一定阶段,需能实现管理员通过语音提出需求,系统能即时响应,反馈需求。

4.3.4　数据上报

实验室每年都有各种实验室数据报表需要上交,实验室项目评估、实验室介绍时,也需要统计大量数据,传统的统计方式,数据需求由上级管理部门层层下发,存在信息传达错误、统计人员面对大量数据统计错误等情况,造成数据失真,智慧实验室系统必须在这方面有所考量,通过系统能方便查询甚至进行报表定制,实现数据一键导出。

4.4   智慧实验室信息安全管理

智慧实验室的运作过程依赖于智慧实验室综合管理平台系统,故其系统的安全性尤为重要。信息安全——为数据处理系统建立和采用的技术、管理上的安全保护,保护计算机硬件、软件、数据不因偶然因素或恶意行为而遭到破坏、更改和泄露。通过信息安全的定义可以看出,影响信息系统安全的因素主要包括人为因素和客观因素。人为因素是指某人或组织为达到某种目的而对信息系统进行的故意破坏。而客观因素指的是自然界各种能够对信息系统产生影响的自然现象,如雷击、水灾、火灾、地震等,都有可能造成计算机运行过程无法充分发挥有效的作用,使信息系统安全无法得到保障。

信息保护对象根据其在国家安全、经济建设和社会生活中的重要程度,以及其遭到破坏后对国家安全、社会秩序、公共利益以及公民、法人和其他组织的合法权益的危害程度等因素,由低到高被划分为五个安全保护等级,如图 4.23 所示。

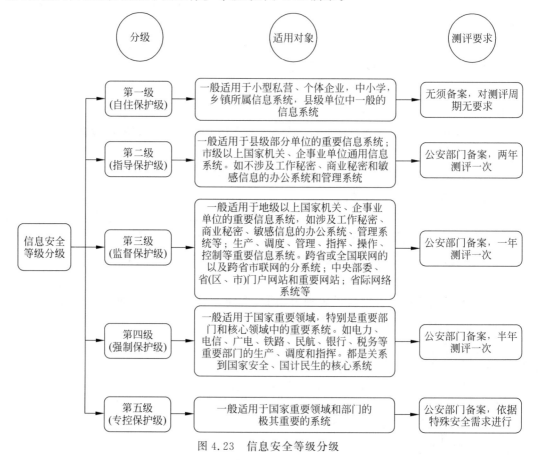

图 4.23   信息安全等级分级

按等级分类要求,智慧实验室应至少具备第二级安全保护能力,即应能够防护免受来自外部小型组织的、拥有少量资源的威胁源发起的恶意攻击、一般的自然灾难,以及其他相当危害程度的威胁所造成的重要资源损害,并能够发现重要的安全漏洞和处置安全事件,在自身遭到损害后,能够在一段时间内恢复部分功能。因此需要在制度上明确信息安全的管理部门,规范日常管理工作,紧急情况下有应急处理措施,同时做好服务器机房及网络安全。

4.4.1　管理制度支撑

智慧实验室信息安全必须要有安全管理制度支撑。

首先,要依据国家法律法规,结合实验室实际情况,明确信息安全总体方针与安全策略,建立健全智慧实验室信息安全保障体系,提高安全防护能力,确保智慧实验室信息安全工作规范,确保网络基础设施、网站、信息系统及数据内容等受到保护,让智慧实验室系统更加安全可靠。

其次,根据安全总体方针与安全策略,完善信息安全管理制度,规范操作规程,做好记录表单。信息安全管理制度明确系统运行维护的管理部门,负责安全信息化系统运行维护人员的协调、指导和管理工作。实验室设立网络安全领导小组或委员会,明确信息安全岗位责任人及岗位职责,重要岗位多人共同管理,采用 AB 角制度。管理制度发布的渠道明确,各项安全管理制度需要通过正式、有效的方式发布,要确保能够通知到每一位系统使用人员,对管理制度文件的格式、编制、审批、发布、归档等文件管理工作流程作出明确规定,保证管理制度文件的规范化、制度化。管理制度要贴合实验室实际情况,能够落地实施,有反馈机制,需定期对制度的合理性、适用性开展评审,不断修订改进。

最后,信息安全管理制度应包括但不限于:①巡查制度,要求定期开展安全检查,包括设备巡检、漏洞扫描及数据备份等工作,及时排除故障隐患。②重要事件的审批制度,对重要事件建立审批程序并按照程序执行审批过程,重要事项如数据删除、权限变更、物理访问、系统接入等,需要多级审批,过程需要留有记录。③人员管理制度,要求但不限于规范系统安全相关管理人员的招聘、离职流程,受聘人员必须能够胜任关键安全岗位职能要求,同时签订岗位责任协议和保密协议,离职时及时回收权限同时确保关键文件收回;加强系统安全管理人员培训,提高管理人员安全意识和岗位技能;设立奖惩方案,规范安全人员管理行为,激励安全人员工作热情。④重要区域管控制度,如对服务器机房可进出的时间范围、机房进出审批及登记、进入机房需要相关人员陪同、机房巡检及问题反馈等。⑤安全应急预案,如系统子业务崩溃、系统整体崩溃、病毒入侵、信息泄露等紧急情况建立应急预案,明确响应处置制度流程。应急预案相关人员定期开展培训和演练,根据评估不断完善。⑥风险评估制度,按要求提交备案材料,在公安机关完成备案,按要求定期完成系统测评,做好系统安全风险评估。

4.4.2　服务器机房安全

服务器是智慧实验室系统最重要的部分,相当于智慧实验室的"大脑",因此存放服务器的机房安全性非常重要,除了要满足日常运行所需的电力、网络、机房内温湿度需求,还要考虑防火、防水、防盗和防破坏、电磁防护及防范自然灾害的要求。具体要求如下。

(1)位置选择要合理,机房场地应选择在具有防震、防风和防雨等能力的建筑内,同时避免设在建筑物的顶层或地下室,否则应加强防水和防潮措施。

（2）机房出入口应安排专人值守或配置电子门禁系统，控制、鉴别和记录进入的人员，重要区域可以设置第二道电子门禁。

（3）设备设施有防盗窃和防破坏功能，机房设备或主要部件进行固定，并设置明显的不易除去的标志；通信线缆铺设在隐蔽处，可铺设在地下或管道中；设置机房防盗报警系统或设置有专人值守的视频监控系统。

（4）做好防雷击的措施，将各类机柜、设施和设备等通过接地系统安全接地；采取措施防止感应雷，如设置防雷保安器或过压保护装置等。

（5）做好防火的措施，设置火灾自动消防系统，能够自动检测火情、自动报警，并自动灭火；机房及相关的工作房间和辅助房间应采用具有耐火等级的建筑材料；对机房进行划分区域管理，区域和区域之间设置隔离防火措施。

（6）做好防水和防潮的措施，采取措施防止雨水通过机房窗户、屋顶和墙壁渗透；防止机房内水蒸气结露和地下积水的转移与渗透；安装对水敏感的检测仪表或元件，对机房进行防水检测和报警。

（7）做好防静电的措施，安装防静电地板并采用必要的接地防静电措施；配备采用静电消除器、佩戴防静电手环等。

（8）按要求做好机房温湿度控制，配备自动调节设备，使机房温湿度的变化在设备运行所允许的范围之内。

（9）保障电力供应，在机房供电线路上配置稳压器和过电压防护设备；提供短期的备用电力供应，至少满足设备在断电情况下的正常运行要求；设置冗余或并行的电力电缆线路为计算机系统供电。

（10）做好电磁防护，电源线和通信线缆应隔离铺设，避免互相干扰；对关键设备实施电磁屏蔽。

4.4.3 网络安全

管理系统的运行离不开计算机网络，而计算机网络具有联结形式多样性、终端分布不均匀性和网络的开放性、互连性等特征，致使网络易受黑客、病毒、蠕虫、恶意软件和其他恶意行为的攻击。无论是有意的攻击，还是无意的误操作，都会给系统带来不可估量的损失，因此需要加强对信息系统的安全保护。

首先，要确保系统网络通信顺畅，采用双运营商线路保证通信线路的可用性，一个运营商线路出现故障还有另一运营商线路可用。

其次，将智慧实验室系统与互联网系统、服务器与访问终端、系统内涉及个人信息及其他较重要的子系统与办公网划分在不同的网段。禁止在外网直接访问内网数据库系统，依据最小化原则启用访问控制策略，限制可访问的端口，仅开放必要的端口；禁止人员私接无线路由或个人计算机（PC）开启热点供外部 PC 连接到内部网络；禁止人员未经允许将 U盘、移动硬盘等接入系统计算机；针对访客和内部用户启用不同的无线网络，做到网络隔离，限制访客访问内部重要业务系统；通过上述手段最大限度地避免来自互联网的黑客攻击，病毒、木马的威胁。

最后，要做好网络安全防御。一要及时更新计算机操作系统与服务器系统补丁、厂家提供的智慧实验室系统软件更新补丁，设置定时更新补丁；二要安装杀毒软件，做好防火墙配置,恶意软件、木马检测等常规入侵防范措施,有效避免侵入行为,确保持续安全有效;三要配备垃圾邮件检测和防御功能,同时保证防御规则为最新版本;四要做好人员登录管理,权限配置,不同级别的角色与用户适用不同的操作数据权限,且针对较高权限的系统管理员,要求所有系统登录人员相关密码遵循不少于 8 位,同时包括大小写字母、数字和符号的无语义组合的原则,增加暴力破解的难度;然后需要做好权限配置,不能直接操作关键系统后台,需要使用特定验证工具如密码狗才可以访问,且所有的访问、操作日志均有记录。五要做好数据库备份,数据是核心,而数据库承载了全部的用户数据,因此必须配置一主一备的数据库,且保持主、备库数据实时同步,这样在主机意外停机时系统能继续运行;同时根据数据库的重要性制订不同的备份计划,重要的数据每日备份。

第5章

智慧实验室文化建设

文化是一系列习俗、规范和准则的总和,它起着导向、规范和推动社会发展的作用。企业文化是企业所信奉的文化观念、价值观念、道德规范等意识形态的凝聚,它可以是一个组织文化、一个机构文化,或者说是一个单位文化,也可以说是一个实验室文化,其内涵一致。因此,实验室文化是指一个实验室内独特的并得到全体员工认同和信奉的由实验室精神、价值观念、管理思想、服务理念、行为准则等内容组成的有机整体。

本章将从实验室文化建设的意义,实验室文化起源与发展,实验室文化建设内容,智慧实验室新时代文化建设内涵和智慧实验室文化的建设路径五个小节进行介绍,其框架结构如图 5.1 与图 5.2 所示。

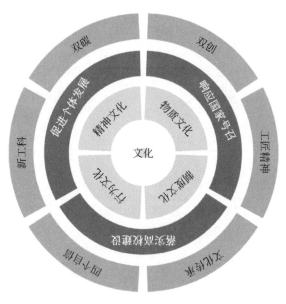

图 5.1　智慧实验室文化建设框架

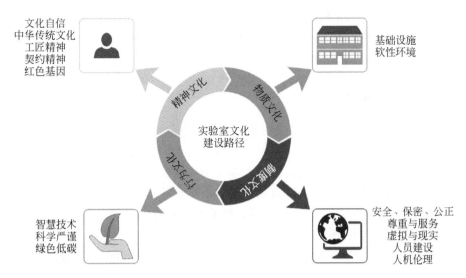

图 5.2　智慧实验室文化建设路径

5.1　实验室文化建设的意义

　　实验室文化是实验室长期发展所形成的一种环境氛围,涵盖了育人、学术、科研等诸多方面的内容,包含物质文化、制度文化、精神文化、行为文化等多方面。其中,物质文化是实验室物质形态的表现形式,如楼宇外观及结构布局、仪器设备、文献资料展示等;制度文化是实验室开展各项活动的行为准则,包括制度、管理办法等;精神文化则集中体现在实验室的思想理念、价值观念、人际关系、行为方式、学术氛围等;行为文化则是实验室管理人员和实验人员在日常工作过程中沉淀下来的行为规范。高校实验室文化是一种道德力量,能形成强大的群体心理压力与动力,并以此约束和规范师生的思想、心理和行为,让身处其中的人在潜移默化中逐渐形成良好的行为习惯和健全人格,通过建立共同的价值观,实现文化的认同与融合。

　　实验室文化建设实质就是通过各种文化表现形式的相互关联、相互影响形成有机整体,通过文化塑造引导实验室人员的行为心理,使全体人员接受共同的价值观念与理想追求,将个人目标与实验室目标统一起来,对整合实验室资源、促进专业与学科的科学育人、推广实验创新研究成果起到积极的正向作用。高校实验室文化建设是高校校园文化建设的重要方面,是开展实验教学和科学研究的重要支撑。实验室是建设一流大学的技术平台,除了要着力建设实验室软硬件及管理体制,还应拥有优良的实验室文化精神,才能更好地服务于高校教学和科研工作,为国家培养优秀的拔尖人才,产出一批世界领先的研究成果。

　　沧海变化,时代发展,旧的生产生活方式已经被淘汰,互联网、人工智能、大数据应用随之成为时代主基调,文化的传承与发展更应与时俱进,主动迎合时代,散发出更耀眼的光芒。文化能照亮精神世界,文化赋能时代发展,文化建设是提升实验室管理水平的重要途径之一,实验室管理手段与方式要摆脱传统复杂管理方式,将现代化智能技术融入实验室管理。智慧实验室文化建设围绕文化赋能智慧,以全面提升实验室管理现代化水平为目标,实验室管理与建设过程中最难的环节是"人",而文化建设可以从物质和制度上融入新时代文化精神影响实验室人员的行为、精神。智慧赋能实验室文化建设,将"互联网+"管理模式联动智能化技术,打造绿色低碳、智能高效、团结与和谐的实验室文化氛围。

5.1.1 响应国家号召

习近平总书记在 2016 年的全国高校思想政治工作会议上强调高校要注重创建文化校园,以格调高雅、形式多样的校园文化活动培育健康向上、具有正能量的新时代人才。实验室作为开展实验教学、科技创新、创新型人才培养的重要实践场所,其文化作为校园文化组成部分之一,是开展文化育人、团队建设、学术创新、科学研究、社会服务等工作的重要保障。加强高校实验室文化建设,对高校实验室所开展的学生辅助教学、理论强化、创新实践、能力培养、品格塑造等有着重要意义。

2017 年 2 月,中共中央、国务院印发了《关于加强和改进新形势下高校思想政治工作的意见》,提出坚持全员育人、全过程育人、全方位育人(即"三全育人")。实验室作为高校工科专业必不可少的教学场所,是落实"三全育人"工作过程中不能被遗漏的一环。对工科专业学生而言,在实验室中进行实验研究是将课堂学习的理论知识转化为实验操作经验的过程。这个过程为培养学生独立思考能力,进一步发展乐于探讨、善于总结、谋求创新等优秀品质提供了实践场所。在此过程中,实验室教学人员对学生的引导作用起到了指路人的角色。所谓近朱者赤、近墨者黑,学生只有在一所具有开放求真、刻苦钻研、孜孜求索等优秀文化的实验室中成长,才能建立起拥有中华民族优秀文化精髓的文化自信,才能帮助他们在日后的科研、工作道路中始终不忘初心、牢记使命,将专业能力运用到祖国伟大的民族复兴事业上。

经过几十年的奋斗,我国在教育、经济、民生等方面均取得了飞跃性的成就,在高新科技和学术研究方面取得了一系列引领世界潮流的出色成果。新时代智慧实验室应在发展过程中发出中国声音、提出中国方案,在文化建设过程中宣扬文化自信,建立一套具有中国特色的新时代实验室文化导向,建立真正的文化自信。实验室文化既要扎根中国的传统道德文化,为实验室文化提供核心内涵;又要坚持科学精神,不断吸取现代科学文化的精华,不断为实验室文化注入新的活力和内容。首先,实验室文化构建要加强传统文化的传承。我国的传统道德文化中的优秀文化成果,如儒家文化所倡导的"仁、义、礼、智、信"等优秀成果是实验室文化构建过程中必须要吸收和借鉴的。实验室建设是一部科学知识、实验技能和科学成果的传承史。实验室文化的构建要吸收已有科学精神的内涵,经过长期发展和不断沉淀而形成。其次,实验室文化的构建要加强现代文化的吸收。现代科学文化的精髓是科学精神,体现了科学的态度、科学的理念和科学的特征。实验室作为现代大学的组成部分,需要及时吸收和引进先进的科学技术,为实验室的发展注入新的发展内容和活力,在实验室文化的构建过程中需要将优秀的科学文化成果吸收进来。随着科学技术的持续发展,新科学新技术融合发展的趋势越来越明显,科学与技术的融合贯通为实验室文化构建提供了新的方向。

5.1.2 落实高校建设

高校实验室文化建设作为高校校园文化建设的一部分,是高校以文育人的重要方面和有效手段,需要逐渐得到高校工作者的重视。实验室教学作为日常教学的补充,是工科专业学生在深造或工作之前将理论知识和实践能力连接起来的桥梁,应成为培养学生能力和品格的重要环节。以往的高校实验室文化建设主要聚焦于建立行之有效的管理制度,而缺乏对学生人格塑造、品格培养等方面的工作内容,无法有效培养出高尚情操与专业能力兼备的全面人才。高校应坚决执行"立德树人"根本任务,充分发挥实验室的育人作用,把握实验室辅助教学的引导方向,通过建设高校实验室文化促进高校育人理念的落实。实验室文化内涵丰富,是随着实验室建设发展而形成的一种特殊文化形态,与校园文化、通识教育文化、专业教育文化等相互联系、相辅相成。首先,实验室文化的构建要与校园文化建设步伐一致。实验室文化是高校校园文化的重要组成部分,实验室文化的构建要以中国特色社会主义为根本方向,以立德树人为根本任务,以助力高等教育内涵式发展为根本目标,以坚持传承创新为根本使命。其次,搭建通识教育文化与专业教育文化相互促进、相互融合的桥梁。基础实验室与专业实验室在应用型创业人才培养的过程中承载着不同的使命和作用,基础实验室侧重于通识文化课程的实施,专业实验室则承担着学科专业教育的使命,在实验室文化的构建中二者的作用是不能割裂的,高校需将人文情怀与科学精神的培养有机结合,促进学生创新精神和实践能力的提高。

此外,在建立完善的高校实验室管理制度的基础上,为使管理制度真正发挥作用,而不是成为事后追责的依据,可通过建立高校实验室文化使管理制度转变为根植在实验室人员工作中的行为习惯,真正发挥实验室制度的管理作用。只有实验室制度逐渐转变为实验室人员内化的行为准则,实验室的各项规章制度才能得到真正的执行,并能够更加有效地规避操作失误所带来的安全风险,有助于高校实验室高效、安全、持续地运作下去。

5.1.3　促进个体发展

良好的实验室文化可以激发实验人员的学习热情和探索科学的欲望,有利于创新精神的培养,也有利于提升其工作热情及奉献精神,对学风校风和工作作风都有积极的影响。在高校实验室建设中,实验室文化建设作为学生德育培养的有效载体,在文化育人方面发挥着重要作用,对每位学生思维方式、行为规范、待人接物、人文精神和价值取向的养成都至关重要。

实验室文化建设可对实验人员进行价值引领,对正处于价值塑造阶段的学生来说尤为重要。实验室的文化育人,是一种春风化雨、润物无声的濡染、浸润过程。学生在良好的实验室文化氛围中学习,将会在不知不觉中受到感染和熏陶,有利于启发思想、健康身心、提高认知,并在不断完善和充实自我的过程中认识世界、了解自己,树立正确的价值观,自信面对人生挑战。

实验室文化建设可规范实验室人员思想行为。实验室文化是实验室的精神共识,也是必须遵守的行为准则。各类规章制度是实验室制度文化的主体,实验室文化价值判断标准的无形压力能够使实验室人员自觉地审视自身行为,为形成良好思想品格提供现实参考。

实验室文化建设可凝聚师生共识,促进学生全面发展。健康、向上、丰富的实验室文化对提升大学生人文素养、拓宽视野、培养一流人才有着深远的意义,对学生人生观、价值观所产生的影响起到独特的作用。实验室文化承载了师生的理想、希望和要求,体现了共同的价值观,加深了师生之间的沟通与合作、信任与团结,使之自然而然地产生出亲近感、信任感和归属感。

实验室文化的建设是为人才培养和科技创新服务的,以应用型人才培养的教育价值为核心。首先,应用型人才培养的办学理念是实验室文化构建的基石。高校应紧紧围绕应用型人才培养目标,积极引进高科技成果,不断探索应用本科院校实验室建设的新理念、新思路、新方向;完善实验室相关管理制度,确保实验室管理和建设有章可循、有规可依;引入"互联网+"理念,不断探索应用型本科院校实验室管理的新方法和新模式。其次,高质量的建设目标是实验室文化建设的内部动力。高质量目标是实验室运行过程中"人"与"物"内外结合而达到的"共同意愿",是实验室质量文化建设的核心内生力。高校应科学规划、精心布局,引进新设备和新技术,加强实验室物质文化建设;因时而变、顺势而为,完善和落实实验室制度文化建设;以生为本、尊师重教,构建更加人性化的实验室精神文化。

5.2　实验室文化起源与发展

5.2.1　实验室文化发展历程

1. 实验室文化起源

"实验室"一词源于拉丁语"laboratoirium"(劳动、工作)。早期科学实验技术的发展同炼金术有着密不可分的关系。公元前6世纪,古希腊出现了对于事物构成来源的讨论。华盛顿大学教授迪马罗格纳斯考证:罗马学者记载,毕达哥拉斯设立了第一个实验室,证明铃铛的音调跟敲击力度没关系。直到中世纪,包括莱布尼茨与牛顿在内的著名科学家与贵族均进行过类似研究。现有科学史研究倾向于将16世纪炼金术士的工作场所视为早期实验室的原型,这一时期以自由的个体研究为主,通常包含熔炉及一些蒸馏设备,研究方向分散且不确定,研究场所也不受拘束,甚至在厨房就可以进行。有条件的实验哲学家们会选择远离世俗,将知识置于家宅内一个"受限的公共空间"之中。在此时代中,实验室通常为个人自发组织的空间,通过简单分隔划分出实验工位与交通空间,初步建立起实验室秩序。在17—19世纪,实验室内涵逐渐由化学扩展到其他领域,形成有组织的平面、布置更加丰富及更细致的功能分区,专业化程度日益提高。

英国人建立了启蒙时代最有名的实验室——瓦特和合伙人博尔特建造的索霍(Soho)实验室,尝试从热气球到雕刻机的各种实验,招待慕名而来的各国访客,它附属于蒸汽机工厂,但主要是满足科学圈同仁的好奇心。英国剑桥大学的卡文迪什实验室是这场科学革命的中心。卡文迪什实验室由剑桥大学校长私人捐款,麦克斯韦在1874年受命组建。麦克斯韦憎恶"粉笔物理学",说"物理教学需要比教室更大的空间,比黑板更大的面积"。卡文迪什实验室的成立,是因为牛顿力学和数学的传统大学理科教育体制与19世纪科学—技术—产业的发展不相适应。新生的电磁学、热力学和辐射研究需要实验物理作基础。卡文迪什的研究员、实验员和技工紧密结合,推动了从个人到集体的科学,从玻璃器皿—密封蜡—线绳的旧时代到精密电动仪器的新时代的转变。

今天的研究生制度,就是卡文迪什实验室创建的。集体协作的科学文化,也是从卡文迪什实验室每日两次集体喝茶讨论学术问题开始的。1932年,第一台直流加速器——高压加速器在卡文迪什实验室制成和应用,需要几组人相配合,由此开创了大科学时代。卡文迪什实验室 20 世纪 40 年代发展到固定研究人员 40 人,研究生和访问学者 400 多人,分为几个组系,各成系统,各配车间、工人和计算机房,这种组织模式被今天世界各大科研机构采用。

2. 国内外实验室文化

1) EHS 管理体系

EHS(environment,health&safety,环境、健康与安全)管理体系是自 20 世纪 70 年代逐渐发展起来的一种现代化管理模式,用于衡量环保、健康和安全三大发展指标。从 EHS 的发展来看,20 世纪 60 年代之前重视改进和完善硬件条件;70 年代转向人的行为研究,关注人与环境的相互关系;80 年代以后,经过积累、归纳和演绎逐渐发展形成了一套完整的管理思想和方法。EHS 管理体系的关键是人和程序,它将环境管理体系(environment management system,EMS)和职业健康安全管理体系(occupational health and safety management systems,OHSMS)有机结合在一起,通过分析相关活动可能出现的危害及后果进行有效控制,达到降低对人员伤害和环境污染的目的,防范事故发生。EHS 管理体系是为管理 EHS 风险服务的,EHS 管理体系是 EHS 管理的一种方法。

EHS 管理体系是一种应用质量体系方法来管理 EHS 活动的过程,它的核心思想在于重预防、领导承诺、全员参与、持续改进,这是一个循环的过程(即规划、实施、评价和调整),就是通过第一个循环获取经验、吸取教训,而后将获得的经验教训用于下一个循环来改进和提高 EHS 管理水平。

在此背景下,EHS 管理体系运用于实验室管理中,且大多数美国高校的实验室安全管理基础均为 EHS 体系。美国化学类排名前 30 的高校,均具有比较完善的 EHS 管理部门,并建立了 EHS 网站。EHS 管理部门工作内容涵盖实验室安全(如化学品安全、生物安全、特种设备安全、消防安全、水电气安全、实验室废弃物处置等),也包括非实验室的安全与校园环境管理,EHS 管理部门为实验室安全提供了有力的保障。如麻省理工学院,其 EHS 管理系统分为三个部分:①EHS 管理总部。作为整个体系的管理层,提供专业性技术指导,负责出台可持续性方案、制定环保政策、协调 EHS 管理、监督 EHS 办公室工作。②EHS 办公室。负责 EHS 管理的具体操作和实施,并定期向总部汇报工作。③EHS 咨询委员会。主要发挥监督作用,关注环境保护方面的学术研究和公共福利的提升。EHS 管理体系的特点是强调事前预防和持续改进。实验室安全文化建设是实验室软实力建设的重要组成部分,将 EHS 管理融入实验室文化建设中,对于有效规范实验室安全行为、提高实验室安全管理水平、降低实验室安全事故发生频率、预防实验室环境污染将起到积极的推进作用。

2) 五常法应用于实验室

"5S"管理理念源自日本,也被称为"极具日本民族特色的企业管理模式"。"5S"指整理(seiri)、整顿(seiton)、清扫(seiso)、清洁(seiketsu)和素养(shitsuke),这五个日文词汇的罗马拼音均以"S"开头,所以也称为 5S 安全管理法。20 世纪 50 年代,日本丰田汽车制造工厂为实现提高产品综合质量、降低制造与加工成本、提高车间生产效率、鼓舞员工士气、安全生产和准时交货的目标,在工厂中实践总结归纳,提倡整理现场、整顿环境的理念,因日本生活方式具有干净整洁、严明的组织纪律特点,后形成在日本家喻户晓的"5S"理念。"5S"管理方式是对人员、机器、物料、方法等生产要素进行管理,因在塑造企业形象、降低生产成本、保障安全生产、实行管理标准化等现场改善方面的巨大作用逐渐被各国管理界所认同,因此被广泛地推广于服务业、文教卫生、机关等部门。由此引申在日本高校实验室中广泛的应用，实验室不仅重视安全软硬件设施，而且重视建设校园文化和安全环保理念。

后香港浸会大学管理学何广明教授在日本研究优秀企业时发现 5S 的巨大作用，于 1994 年整理出基于 5S 的"五常法"，即"常组织""常整顿""常清洁""常规范""常自律"，同年香港工业署开始推行五常法，在制造业、建筑业、医疗界、饮食业、社会服务中心、公共事业界均通过开展五常法管理，提高了员工的素质、工作效率，改善了工作质量。"五常法"是由制度到流程、由考评到自省的完整的管理体系。随后五常管理法在我国内陆各行业得到应用，后在我国部分高校实验室、行业检测实验室、餐饮行业、医疗行业均有涉及。

5.2.2 实验室文化发展现状

随着国家对实验室安全工作的不断重视，国内各高校在长期的努力和实践中围绕实验室文化建设均进行了积极探索、积累了有益经验、取得了显著成效，在服务实验室安全生产方面发挥了重要作用。总体来看，高校实验室文化建设在物质文化、制度文化、精神文化与行为文化建设方面都存在一些共性问题。

1. 物质文化支撑保障作用不坚实

高校实验室安全事故仍时有发生。有学者采用事故致因"2-4"模型、单因素方差等分析方法对近年来高校实验室典型事故进行了实证研究，事故样本涵盖了全国不同梯队、不同类别的高校。

当前，我国高校建成了各级各类实验室，物力资源配置渐趋丰富，但是实验室物质文化支撑保障作用仍不够坚实，主要体现在以下方面。

（1）实验室规划布局设计前瞻性不够。国内多数高校实验室建设初期规划设计前瞻性不够，对设施和环境的空间布局和安全要求考虑不周，存在"先天不足"，实验室的内部装修以及设备器材在建设上均存在较大问题，建设效率不高，资金利用率也较低。为适应高校招生规模不断扩大、学科建设快速发展的迫切需求，新建实验室又一定程度存在"重建设、轻规划"现象。教育部在安全检查中发现，多数高校实验用房严重不足，部分行政办公用房被改为科研用房，由于这类楼宇没有按照实验室标准设计和建造，实验室功能、布局凌乱，办公区与实验室混在一起，"前店后厂""作坊式"现象较为严重，部分实验室楼龄较大、设施陈旧，在通风排污、"三废"处置等方面并不完全符合安全管理的相关要求。高校在规划实验室建设投资比例时存在较大问题，实验室的内部装修及设备器材在建设上均存在较大问题，建设效率不高，资金利用率较低。

（2）基础设施维护更新不及时。高校实验室的基础设施涵盖各种仪器设备、相关辅助器材、实验材料及实验衍生品等，其中不乏多种危险系数较高的仪器设备装置，如气体钢瓶、压力容器等。目前我国高校尚未形成一个有效、科学的实验室定期养护、检修、更新制度，因此多数设备较为陈旧落后，部分设备甚至出现"带病工作"的状况，为实验活动埋下了较大的安全隐患。

（3）部分高校还存在着购置实验器材不合理的情况。集中表现为所购置的器材体积较大，器材造价较高且器材呈现体系化，没有按照行业高校真正发展需要来进行采购。这就导致这些器材精密度存在较大问题，便携性较差且美观度不高，实用价值较低。除此之外，普遍实验室安全设施设备配备不足。当前,我国高校将大量的资金投入到教学和科研领域,用于安全设施设备购置的资金投入不足。由于经费有限,多数实验室面临安全防护设备相对落后、应急动力系统不完善、报警系统与逃生装置相对欠缺、危险品的贮存装置防护能力不强等问题。

2. 制度文化实际效用未充分彰显

国家及地方的有关法规、规章等,为高校实验室安全管理工作提供了依据和遵循。据此,各高校均建立了实验室安全管理制度,在保障实验室安全生产方面发挥了重要作用。然而,随着时代发展,高校也应顺应时代发展潮流,积极推动自身教育机制改革,对实验室也需加大改革力度,对已经落后的管理机制也需积极进行改革,才能保证实验室在文化建设上朝着规范化方向发展。部分实验室管理制度暴露出实际效用不佳的问题,主要体现在以下方面。

(1) 监管体制不顺、制度落实不严。高校实验室安全管理组织普遍较为松散,实验室安全管理归口部门众多,许多高校的实验室安全工作分别由国资、科研、保卫、后勤、基建、实验室管理中心等部门管理,责任主体和责任边界不明晰、沟通协调不顺畅、安全监管主体责任落实不到位的问题普遍存在,导致实验室安全管理制度落实不严格。

(2) 时效性不强,指导性欠佳。当前,高校学科建设速度不断加快、科研水平快速提升,建设了一批新的科研平台、开展了一些新的实验项目,同时也不可避免地出现一些新的风险点,实验室安全管理工作面临一些新形势和新要求。多数高校现行的实验室安全管理制度由于在实验室文化建设中依旧沿用过去的管理制度,修订完善不及时,与新形势和新要求的匹配度并不高,并且现行的规章制度大多是理论性的要求,重宏观轻细节、实践约束不够,部分高校在制定实验室安全管理制度时疲于完成上级部署要求的"规定动作",教条化倾向明显,结合高校自身实际情况、学科专业特点和实验室特殊性建构制度的力度不大,在实践中的针对性和可操作性不强。

(3) 规章制度不健全,人性化管理不够。高校安全管理制度不健全的问题长期存在,况且现有的制度管理规定中"严禁……""杜绝……"等禁止性条款居多、人文性条款阙如,加之又无配套的规范性解释,在实践中这些条款往往被束之高阁,实际管理效用并未充分彰显。

3. 行为文化规范性需进一步增强

众所周知,高校实验室由于配备的仪器设备多、承担的科研负荷重、人员流动性强而成为最容易引发安全事故的"高风险区",现实中实验室安全事故也高发、频发。有学者对近年来发生的多起高校实验室安全事故进行了统计分析,发现 89% 以上的事故原因与人的直接或间接行为因素有关。认知对于行为具有主导作用,如果没有把安全知识技能内化于心,也就难以外化于行。因此,实验人员行为不安全不规范的背后原因是安全知识技能的匮乏,究其原因,主要归结于两个方面:一方面,学校对学生的安全教育不深入不系统。在教育教学环节,一些高校长期以来更偏重于学生的专业理论知识、实验技能及实验结果分析能力的培养,安全通识教育通常被边缘化。虽然有不少高校相继开设了实验室安全课程,但是实验室安全教育尚未完全纳入常规教育体系中,安全教育课程教学作为安全育人的主渠道作用发挥不明显。另一方面,理论与实践还存在"两张皮"现象。一些实验室安全教育"重理论、轻实践",规范操作和防护技能培训与考核未能常态化开展,实验人员在接受了理论教育之后,在实习实训环节实践演练不够,理论与实践相脱节,导致行为习惯和操作规范未能进一步养成。在实验教学活动中,有些学生实验习惯不良、实验设备使用不当,有时在缺乏教师监督和指导的情况下,急于求成,图省事、走捷径,跳过一些规范性步骤,进行简单化操作或违规操作,不仅会导致实验失败的情况,严重时还会引发安全事故。事故一旦发生后,由于安全防护技能欠缺而不具备自救能力,极易酿成悲剧。

高校实验室的科普活动大多具备明显的行业特色和跨学科特征。而目前高校实验课程存在思维定式,深受分科学习之害,所学知识缺少联结,导致学生缺少解决问题的能力和自信。而跨学科思维学习覆盖科学、人文、艺术、社会四大学习领域,无论在理论课堂还是实验课程中,都应提倡多学科融合学习,旨在培养成长性思维、批判性思维、创造性思维、社会性思维,这正是对当下教育缺失部分的补足。

4. 精神文化的重视程度有待提高

纵观诸多实验室安全事故,多数是由人的安全意识薄弱造成的,归根结底是对安全精神文化的内涵和功能认识不足,对实验室安全文化建设重视不够。

首先是学校层面。由于安全精神文化建设具有周期长、投入大、见效慢的特点,导致众多高校"重科研、轻安全"的现象普遍存在,在实验室日常安全管理工作中,认为"不出事就是安全",对实验室安全隐患排查不重视或排查不到位、不彻底,出现走马观花的现象。甚至在实验室安全事故发生后,仍采取"事故-追责-处罚-整改-再事故-再追责-再处罚-再整改"这一被动的死循环模式,事后追究问责往往流于形式,不能积极主动地预防和控制事故发生。

其次是教师层面。专业教师或研究生导师承担的教学科研任务较多,在培养提升学生理论水平和实践能力的过程中,对学生安全思想观念的灌输、安全知识技能的传授不够重视,往往将这一工作寄希望于实验教师。实验教师往往忙于在规定时间内优先确保完成实验任务,疏于向学生全面传递安全思想、普及安全知识;有些实验教师对个别学生干部或实验室勤工助学岗位学生简单培训后,由其代为履行职能,指导其他学生开展实验活动,相关实验室安全要求难以引起大家的高度重视。

最后是学生层面。部分学生在日常学习和生活中对安全学习教育的主动参与度和积极性不高,安全意识淡漠,认为安全事故不会发生在自己身上。也有一部分学生虽然了解学校相关的安全规定和要求,但是在具体实验过程中往往因急于求成而将相关规定和要求抛诸脑后,麻痹大意,存在侥幸心理,这在一定程度上为实验室安全事故埋下了隐患。

在高等院校中,实验室内流动性大,学生出入较频繁,大多数学生为完成某一课题在实验室进行研究,课题结束后即离开实验室,在实验室环境下形成小范围团体作业的模式,往往难以相互影响,且教师大部分时间在课程本身上面,实验技术人员身兼数职难以长期陪伴学生实验,既无老师以身则从精神上感染学生思想,也无长时间相处使学生相互影响,从而导致实验室难以形成浓厚的实验室文化氛围。除此之外,实验室文化目前以实验室安全文化建设为主,缺少如严谨、诚信科学、兢兢业业等思想精神的熏陶,缺乏吸引力和向心力是实验室文化未能充分发挥出育人功能的症结所在。目前文化建设大多停留在普及培训安全技能或做活动方面,开设实验课程缺少思政进课堂的理念。文化建设内容单调、枯燥,缺乏系统规划,仅满足于表面文章,没有充分挖掘实验室自身特有的文化内涵、激发师生主体作用,形成实验室特色文化,彰显学校深厚的文化底蕴和与时俱进的精神。实验室的功能定位是基于其人才培养模式及学科建设模式而进行的,其发展规划模式也是基于这两方面进行。由于实验室的建设周期较长,其文化建设的周期也较长,这样导致部分高校在实验室文化建设上重视程度不足,对其功能认知也存在较大偏差。仅仅将实验室作为教学辅助,主要展现的是服务和管理功能,缺乏对其文化育人功能的认知。学校对实验室育人功能存在认识不明确的问题,缺乏顶层设计,还未把实验室文化建设当作育人环境的重要环节进行规划和重视;只偏重硬件设施及课程方面的建设,在实验室文化建设上没有同步跟进;忽视对学生科学思维、良好工作作风、创新精神的培养;普遍存在"重管理、轻育人"现象,导致在人才培育上利用率不足。

5.3　实验室文化建设内容

　　实验室文化是实验室在长期实践中逐步形成的独特文化形态,实验室文化建设更是校园文化建设和高校整体育人环境的重要组成部分。这种文化形态包括物质、制度、精神三个层面。即在一定的物质条件基础下,用制度规范约束行为,用精神文化形成实验室特有的价值观,其本质是借助以实验人员为主体的实践教学活动达到"育人"目的。三者之间,物质是基础,制度是保障,精神是核心,共同形成相互作用、和谐稳定的统一整体。实验室文化建设具有历史传承性,是一个变化发展、潜移默化的过程。通过物质文化、制度文化、行为文化、精神文化等方面的实践创新,在加强知识传授的基础上,将社会主义核心价值观融入高校教育教学全过程,其最终目的是培养德智体美劳全面发展的社会主义建设者和接班人。

5.3.1　物质文化

　　物质文化是文化的外在表现形式,以实物展示为主体,是构建实验室文化的基础。实验室物质文化凸显了实验室的气质和专业特色,是实验室文化建设的关键环节。准确标识中英文名称及安全责任人信息的门牌和实验室功能标识;布置合理、摆放整齐的室内设备;设计美观的宣传橱窗;陈列有序的挂图、名人名言等,都能营造出浓厚的文化气氛,成为实验室文化的有效载体,体现引导、熏陶、浸润的教育作用,在实验室文化建设中提供物质保障。物质文化既包括了实验室建筑空间布局,也包括实验室内各种仪器设备和室外的环境设施。传统的高校实验室物质文化建设,主要是确保实验室在建设过程中的质量、布局、仪器种类是否规范、安全,而忽略了实验室运行过程中的运维工作。智慧实验室的物质文化建设在此基础上,还要关注各类智慧功能的软硬件布局,并且在后续的实验室运行过程中通过使用各种智慧化功能确保实验室高效、安全运行,在最大程度地保障和优化实验室运行功能的前提下,降低人力成本、减少人工干预、提高工作幸福感。

5.3.2　制度文化

　　文化理论认为,制度文化是人类为了自身生存、社会发展的需要而主动创造出来的有组织的规范体系。实验室制度文化是实验室的各项规章制度,既包括对"施教者"——教师工作职责的规定和行为约束,也包括对"受教者"——学生学习行为规范的约束。制度文化作为内在保障机制,决定着实验室文化的发扬和传承。应将实验室的价值理念与精神文化转变为工作人员及师生的内生动力,并利用制度对工作人员及师生行为加以约束,促使其在实验过程中严格按照规范和标准进行,树立良好的实验室人员形象。从表面来看,制度文化是各种文明规定的硬性要求,实质上,制度文化也是深藏在每个人内心的,对实验室、自身及他人利益的一种维护,如文明礼貌、助人为乐、互相尊重、保护环境等。一般而言,制度文化包括实验室管理制度、实验设备使用制度、安全守则、实验室安全制度、实验室准入制度、化学药品管理制度等。传统的高校实验室制度文化建设思路是将各项规章制度以正式文书的形式在实验室内公布,要求实验室各级人员按照文件执行落实。这要求实验室人员具备主动配合和自觉服从的工作态度,同时能够克服麻痹大意、固定思维等较难规避的心理弱点,很大程度上依赖实验室人员的主观意识。而新时代的智慧实验室则可以通过一些智能手段,如 AR、VR、图像识别技术、状态监控技术等智慧化手段,辅助实验室管理人员实时监测实验室各项规章制度的落实情况,可以在出现违规操作的情况下及时阻止,甚至有效预防各种不规范的实验室操作。

5.3.3 行为文化

行为文化是实验室文化的主要外显方式,是包括实验室领导行为、模范人物行为、员工行为等各种行为方式的总和,是实验室全体人员在长期的文化行为积淀下形成的社会心理、思维方式和风俗习惯等具有外显性文化形态的总和,或者说是指全体实验室人员在主观意识支配下,理智地按照实验室的规范进行并取得成果的客观活动。员工是实验室的主体,员工的群体行为决定实验室整体的精神风貌和文明程度。它实际上表现了实验室的一种风范,是建立在实验室核心价值观上的一种不同于其他实验室的风范。实验室人员须认识到,实验室文化是自己宝贵的资产,是个人和实验室成长不可缺少的精神财富,应以积极处世的人生态度去从事工作,以行为文化规范自己的行为。在高校实验室环境下,行为文化是师生在实验室长期教学实践中所形成的群体行为方式和行为规范的积淀,包括师生行为操守、工作态度、学习动机,是实验室全体师生人生观、价值观及学习理念的动态体现,同时也是精神文化的折射。

5.3.4 精神文化

精神文化是人类在从事物质文化基础生产上产生的一种人类所特有的意识形态,它是人类各种意识观念形态的集合。由于文化精神是物质文明的观念意识体现,在不同的领域,其具体文化精神有不同的表现和含义。在实验室环境下,精神文化是实验室文化的核心,是由室风、学风、教风、人际关系体现出来的实验室的治学理念和研究风格,是实验室成员共有的价值取向、理想信念、心理状态、道德情感、思维方式、行为规范、精神追求、人际关系等。实验室精神文化可以通过各种文化表现形式来引导群体成员的行为、心理,使其在潜移默化中接受共同的思想引导、情感熏陶、意志磨炼和人格塑造。

优秀的精神文化是实验室宝贵的精神财富,是实验室可持续发展的重要动力,它能大大提高实验室成员对实验室的认同感、归属感和忠诚度,使实验室成员形成一个有机整体。精神文化体现实验室文化的价值观,是实验室文化的方向,它是实验室文化最重要的组成部分。实验室精神文化可以通过各种文化表现形式来引导实验室成员的行为和心理,在思想上和行为上对实验室成员起到约束作用,使师生正视道德冲突,解决道德困惑,明辨是非界限。

5.4　智慧实验室新时代文化建设内涵

中共中央、国务院 2020 年 10 月发布《深化新时代教育评价改革总体方案》,对新时代中国特色社会主义教育提出新要求,为中国教育的未来指明了发展新方向。方案指出,应切实引导学生坚定理想信念、厚植爱国主义情怀、加强品德修养、增长知识见识、培养奋斗精神、增强综合素质。高校智慧实验室作为人才培养的重要场所,应积极通过各种手段完成以上目标。智慧实验室建设在积极融入世界标准的同时,更应坚定自身发展方向,发展文化特色,坚持建立自己的标准、坚持"四个面向",努力破解"卡脖子"难题。站在新的历史时期,智慧实验室文化应该从实际出发,坚定"四个自信",宣扬中国价值,引领中国潮流,有效扩大国际影响,真正实现"走出去"的战略目标。

1. 落实"双碳"国家战略

双碳,是指碳达峰和碳中和。国家主席习近平在第七十五届联合国大会上宣布,中国力争 2030 年前二氧化碳排放达到峰值,努力争取 2060 年前实现碳中和目标。智慧实验室的建立和发展为此项重大工作提供了理论支持和实践经验。为实现这个伟大目标,应将"双碳"理念根植于实验室文化建设当中,鼓励实验人员从日常运维、科学研究、成果产出等各项工作中时刻以是否有利于"双碳"国家战略目标的实现为检验工作价值的标准,将"碳达峰、碳中和"作为工作目标,贯穿工作全过程。

马克思认为,人首先直接是自然存在物,人是自然界的一部分,自然是人类生存的前提和基础。人于实验教学活动中,在实验室环境下,更需引导实验人员注重人与自然的关系,电子垃圾、化学药品废弃物、生物污染、射线等实验物质会在自然的物质循环中造成难以弥补的裂缝,对自然生态的完整性和稳定性会造成长期性、全球性、毁灭性的破坏。

智慧实验室建设需以节能减排作为结构调整和创新转型的重要突破口,建设前选用环保生态材料,使用中注重良好节能环保行为,妥善处理实验室废水废气废弃物,尽量减少温室气体排放,形成绿色低碳可持续的实验室活动方式。

2. 响应"新工科"建设

自 2017 年以来,教育部相继发布了数份文件推动新工科建设,其中,2018 年 4 月发布的《高等学校人工智能创新行动计划》为"新工科"建设工作给出了具体指导意见。新工科专业是以智能制造、云计算、人工智能、机器人等用于传统工科专业的升级改造,高校智慧实验室建设正是响应国家号召应运而生的新时代实验室。高校应主动应对新一轮科技革命与产业变革,抢抓新的历史发展机遇,集中力量完成工科实验室的转型升级,在建设和发展过程中宣扬新时代的高校智慧实验室文化精神。在此过程中,结合当今时代热议的"元宇宙"概念,高校工科智慧实验室在建设和管理过程中应切实思考智慧实验室带给实验人员方便与高效的同时,智慧化技术如何改变实验室工作人员的工作习惯和工作环境,而作为管理人员则应该如何看待这种改变。毋庸置疑的是,智慧化手段在一定程度上减轻了实验室人员的工作负担,避免了一些重复劳动和工作盲点,但我们仍然需要在日常工作上强调认真负责的工作态度,而不仅仅把责任转嫁到智慧化技术上。智慧实验室在运行过程中,必须明确实验室运行的职责和意义所在,紧跟国家战略和国家导向,为社会培养新一代工科人才。

3. 宣扬"工匠精神"

工匠精神产生于机械化生产之前的手工业作坊,是手工劳动者的精神遗产。在当前的信息时代,工匠变得越来越稀少,工匠精神显得更加可贵。2016 年在国务院总理李克强《政府工作报告》中首提"工匠精神",原意为工匠对作品精益求精、追求完美的精神,后引申至各行各业,强调职业价值取向及行为表现,如敬业、精益、专注、创新等。2018 年的《政府工作报告》继续倡导"弘扬工匠精神,来一场中国制造的品质革命"。工匠精神不仅是国家层面上的价值诉求,而且是"中国制造"走向"中国智造"迫切需要培育与大力弘扬的职业精神。工匠精神内涵日益丰富,从以下角度进行分析。

(1) 精益求精。匠人最为典型的特征就是精益求精,对自己要求完美,力求不断进步,不断提升。新时代的"工匠精神"表现为一种精益求精的质量意识。精益求精的质量意识不仅代表着古代工匠对产品质量的不懈追求,也是现代"工匠型"人才质量意识培养的重要参照。工匠精神中的精益求精不仅是一种工作态度,更是顺应了时代发展的需求,符合现代社会对品质的要求。精益求精、精雕细琢,精细化生产,对产品的品质不断提升,已经成为各领域的共识。精益求精要求从业者树立严谨的意识,打造精品,提高技能,以精益求精的职业态度回馈给社会。

(2) 尽责奉献。新时代的"工匠精神"表现为一种尽责奉献的精神。奋战在各行各业一线的广大劳动者的劳动、创造、责任心和奉献精神是"中国制造"实现品质革命的基础。

(3) 开拓创新。社会的进步离不开开拓创新,只有不断地开拓和创新,才能够拓宽前进的道路。创造精神在现代工匠精神中起着主导作用,其是工匠精神的灵魂。新时代的"工匠精神"表现为一种革故鼎新的创新精神。"工匠精神"所蕴含的精益求精意识还体现为一种对卓越的职业追求,代表着精进不舍、革故鼎新的创新精神。任何领域都需要开拓创新,开拓进取、推陈出新,从业者应在岗位中总结经验,对于存在的问题敢于思考,勇于突破,从而提高工作效率。

(4) 知行合一。知行合一是指认识事物的道理与其在现实中的运用密不可分,简单来说,在工匠精神中就是注重理论与实践的相结合,提升职业素养。任何一项技能都不能是纸上谈兵,都需要实践,在实践中学习,实践中提出问题、解决问题,从而提升自我。

(5) 团结协作。在社会文明的不断发展中,人们已经开始意识到团队的重要性。我们每个人都应树立团队协作意识,充分意识到自己在团队的重要性,认识到自己的发展与整个团队的发展息息相关。在智慧实验室管理过程中,实验人员与仪器设备的协调与配合也是团结协作的一部分。一个团队只有通力合作,才能够提升竞争力,在社会中取得更好的成绩。

(6) 用户至上。现代社会对于品质的需求越来越高,在追求商品提升品质的同时,也期望能够得到优质、个性化的服务。现代工匠精神中全心全意服务用户是一个重要的组成部分,也是社会文明发展的需求。

智慧实验室是培养行业人才的孵化器,应在文化建设工作上强调"工匠精神",将认真细致、追求完美等职业精神灌注于实验人员培养之中,引导他们在工作岗位上保持赤子之心,将个人能力发挥极致。"工匠精神"的核心在于培育实验人员对职业忠诚、对事业敬畏、对工作执着的自信,"工匠精神"应浸润到智慧实验室的血液当中,在实验室的建设、管理过程中得到具体体现,以此形成浓厚的精神气氛,使实验室人员都能充分感受到"工匠精神"的丰富内涵并内化为实际行动。

4. 建立"双创"导向

"双创"即"大众创业、万众创新",出自 2014 年 9 月夏季达沃斯论坛上李克强总理的讲话,意在鼓励高校与企业多层次、全方位合作,为学生创造更多实践机会,进一步提高学生对行业的认识水平,进而激发他们对行业现状进行思考,挖掘行业发展机遇。鼓励"双创",推动校企合作,进一步发挥行业对育人所不能替代的作用。通过校企合作建立智慧实验室,教师可与企业进行更深层次的学术交流,继而促进科研成果转化,进一步畅通产学研工作路径。一方面,学生也可在校企合作的智慧实验室里夯实专业基础,更好地从实际操作中验证并掌握理论,实现创新能力和创新精神的培养,为日后创新创业打下坚实基础。校企合作的智慧实验室在建设过程中,可为学生在学科前沿技术方面提供渠道,还能借校企合作的契机了解学习行业技术,大力培养学生的"双创"精神,引导他们善于发现、积极解决、勇于创新。另一方面,行业智慧实验室的建设也可以发挥自身长处,把行业经验通过校企合作传授给高校,为学生提供实操平台,进一步推动高校的"双创"工作。

5.5　智慧实验室文化建设路径

传统实验室文化一般以实验室安全、科学研究严谨的精神等方面进行建设,智慧实验室文化将育人、智能化、元宇宙、新时代精神多元化交叉探索进行建设。

5.5.1　新时代的实验室物质文化建设

物质文化是实验室文化建设中一个较为受人关注的内容。一切文化建设,都必须依赖一定的物质基础。破除"重理论、轻实践"思想,将物质文化建设作为实验室整体文化建设的重要抓手和切入点。实验室是高消耗、高投入的场所,实验室文化建设需要加大人、财、物等各方面的投入,整体才能得到提升。一般来说,实验室物质文化建设主要包括实验室硬性环境建设与软性环境建设两部分。通过环境改造,创建一个布局合理,整洁有序,舒适的学习、生活环境,营造出浓厚的文化氛围,可以形象展示实验室的内涵和特色,外化实验室精神内核。

1. 硬性环境建设

硬性环境建设即空间分区、设计标准、安全基础设施等。通过环境建设,创建一个布局合理,整洁有序,舒适的学习、生活环境,营造出浓厚的文化氛围,可以形象展示实验室的内涵和特色,外化实验室精神内核。古代有"孟母三迁"的故事,也有晋·傅玄《太子少傅箴》中"故近朱者赤,近墨者黑"的典故,这些传统典故说明环境对人的影响之大,环境建设的措施可以影响实验室内活动人员的思想精神,潜移默化地将实验室安全文化深入人心。

实验室仪器设备的购置及环境布局建设中,应体现"以人为本"的思想,将实验人员的需求放在首位,以实际需求作为经费使用的分配原则。例如,设立专项资源定期更新和新增实验仪器,多维度满足不同研究方向的实验需求;搭建创新训练实验室平台,为高校学生创新创业提供场地和物质支持;购置多媒体设备(如触控电子屏替代传统白板、LED显示屏替代传统宣传栏、门禁系统替代传统值守工作)以减轻实验室管理人员工作负担并提高工作效率;配置穿戴设备、实验室温度/湿度实时监测设备以提高实验室运维效率。以上基于"以人为本"的实验室物质文化建设,在满足实验室人员各种需要的同时,提高了实验室人员工作效率和运维效率,能够极大地提升实验室人员的工作幸福感,有利于他们全力投入到工作中。

除此之外,还应关注"人与自然和谐相处"的理念,在实验室建设过程中使用各类绿色、低碳材料作为实验室场地的基建材料,并在实验室运维过程中通过优化新风系统及空调设备的运行效率以降低实验室的电力消耗,并充分利用各种智慧监测手段实时调节实验室室内环境,以达到舒适与低碳的平衡。

2. 软性环境建设

软性环境建设包括规章制度上墙、实验室门牌信息、实验室安全标语悬挂、各类设施标志张贴。其中,实验室宣传标语应发挥有效引导社会主义核心价值观的作用,将新时代的社会主义核心价值观融入实验室文化当中,通过在实验室公共区域设置LED屏滚动展示实验室文化建设成果(如团建活动、平台成果展示、实验室文化标语等)以提高实验室人员的文化自信。

除此之外,实验室内墙壁上增加学科相关的励志挂图,张贴与整理实验室的先进事迹,展示实验室集体荣誉,会凝聚集体荣誉感,创造出良好的实验室协作氛围。

5.5.2　新时代的实验室制度文化建设

制度文化是实验室文化建设中一个较为常见的内容,主要表现为运行过程中形成的规章制度和约定俗成的规则。

1. 安全制度文化建设

严格执行实验室准入制度,在进入实验室前进行统一测试和现场操作考评,考评合格的学生将获得实验室准入许可,以确保实验人员在进入实验室之初就建立良好行为规范意识,从源头上避免不规范操作导致的实验室事故。

科研实验室的仪器设备大多是精密仪器且价格昂贵,如操作不当可能会导致仪器设备损坏,给实验室带来经济损失的同时,还会耽误科研进度。因此,智慧实验室应该建立完备的大型仪器设备规范使用培训制度,实验人员在进入实验室前应根据自己的研究需要以书面形式向实验室管理人员提出拟使用仪器设备清单,实验室应安排相应的仪器设备技术主管人员从使用操作、数据采集与分析等方面对初次使用仪器的人员进行一对一的全方位培训,经考核合格后方可独立操作使用仪器。

2. 保密制度文化建设

根据《检测和校准实验室能力的通用要求》(ISO/IEC 17025:2017(E)),实验室应从客户、合同、内部人员等方面实行实验室保密制度,保护实验室活动重要信息,在制度上对保密性进行约束。主要从以下几方面进行。

(1) 实验室应通过作出具有法律效力的承诺,对在实验室活动中获得或产生的所有信息承担管理责任。实验室应将其准备公开的信息事先通知客户。除客户公开的信息,或实验室与客户有约定(如为回应投诉的目的),其他所有信息都被视为专有信息,应予保密。

(2) 实验室依据法律要求或合同授权透露保密信息时,应将所提供的信息通知到相关客户或个人,除非法律禁止。

(3) 实验室从客户以外渠道(如投诉人、监管机构)获取有关客户的信息时,应在客户和实验室间保密。除非信息的提供方同意,否则实验室应为信息提供方(来源)保密,且不应告知客户。

(4) 人员,包括委员会委员、合同方、外部机构人员或代表实验室的个人,应对在实施实验室活动过程中获得或产生的所有信息保密,法律要求除外。

3. 公正性制度文化建设

根据《检测和校准实验室能力的通用要求》(ISO/IEC 17025:2017(E)),实验室应公正地实施实验室活动,并从组织结构和管理上保证公正性,至少从以下几方面进行。

(1) 实验室管理层应作出公正性承诺。

(2) 实验室应对实验室活动的公正性负责,不允许商业、财务或其他方面的压力损害公正性。

(3) 实验室应持续识别影响公正性的风险。这些风险应包括其活动、实验室的各种关系,或者实验室人员的关系而引发的风险。然而,这些关系并非一定会对实验室的公正性产生风险。

注:危及实验室公正性的关系可能基于所有权、控制权、管理、人员、共享资源、财务、合同、市场营销(包括品牌)、支付销售佣金或其他引荐新客户的奖酬等。

(4) 如果识别出公正性风险,实验室应能够证明如何消除或最大程度降低这种风险。

4. 服务意识制度文化建设

实验室在实施活动中,需尊重客户意愿,具有服务意识。检测和校准实验室在与外部客户进行合作时,不仅需依据《检测和校准实验室能力的通用要求》(ISO/IEC 17025:2017(E)),而且还需在制度文化建设中形成尊重与服务客户的态度。如在形成表述、拟定合同时,确保实验室有能力和资源满足客户要求,使用外部供应商时,满足规范标准要求并告知客户由外部供应商实施实验室活动。当客户要求的方法不合适或过期时,实验室应当提醒客户。客户的要求与标书和签订的合同之间有任何差异时,都应在实施实验室活动前解决,且每项条款都应被实验室和客户双方接受。若实验室工作开始后修改合同,应重新进行合同评审,并与所有受影响的人员沟通修改的内容。在履行合作的实验过程中,实验室应使用适当的方法和程序开展所有实验室活动。所有方法、程序和支持文件,如与实验室活动相关的指导书、标准、手册和参考数据,应保持现行有效并易于人员取阅,实验室应确保使用最新有效版本的方法,除非不合适或不可能做到。必要时,应补充方法使用的细则以确保应用的一致性。当实验室使用客户未指定所用的方法时,实验室应选择适当的方法并通知客户,推荐使用以国际标准、国家标准或区域标准发布的方法,或由知名技术组织或有关科技文献或期刊中公布的方法,或设备制造商规定的方法。实验室制定或修改的方法也可使用。对实验室活动方法的偏离,应事先将该偏离形成文件,做技术判断,获得授权并被客户接受。

5.“互联网＋”制度文化建设

建设实验室文化氛围,还需要形成一套行之有效的管理制度。一般的实验室制度文化工作主要落脚于各项规章制度的制定,以此来保障实验室安全有序地运行。通过建立健全的实验室管理制度,能够让实验室管理者在执行工作时有据可依。

实验室制度可分为实验室安全制度、实验室财政制度、实验室安全检查管理办法、实验实训人员工作规范、实验实训指导教师工作规范、实验室安全准入规定、实验室人员考核制度、实验室人员晋升制度等方面,从人、物、财、料等方面进行约束和规范。在制度建设中,根据具体情况及时对相关制度进行调整,切实做好组织监督工作,保证各项制度规范执行。例如,对实验室温度、湿度、通风等设施进行规定,以建立环境安全使用规范;对易燃、易爆、剧毒产品的申领和使用进行规范,以确保环保、安全的实验室环境;对各类实验仪器、实验场地进行统一借出及使用管理,以满足各类实验人员的使用需求;对实验室人员进行定期培训,以落实实验室安全管理。以上实验室管理制度作为实验室制度文化建设的表现形式,普遍存在于各类实验室,其通常依赖于将管理责任落实到实验室管理人员及实验室人员的自觉执行。

将“互联网＋”实验室管理模式融入管理制度中,充分利用信息技术对实验室、仪器设备、实验人员、实验课程与项目、考核评价等实行多维度管理。同时,充分使用互联网的传播功能,利用校园网站及校园广播等进行实验室安全宣传,更可利用微信及微博等深受人们欢迎的自媒体网站等,做好关于实验室的宣传工作,引入“互联网＋”模式形成全员参与的全新教育模式,并与行业高校整体文化氛围相符,营造出高校文化育人氛围。除此之外,建设实验室综合管理信息平台使实验室管理更加标准化、规范化、信息化。完善的实验室规章制度种类繁多、条目复杂、文件数量大,在搜索寻找某一条具体制度时往往会花费一定时间。将制度条目上传至实验室智慧一体化系统,创建规章制度模块,将制度进行模块化展示,配合搜索引擎能便于抓取关键词,迅速找到对应的规章制度,便于实验室管理人员高效率查找、修订文件。同时,配合实验室外部与内部电子屏幕,滚动显示重要规章制度节选,展示实验室应急条例。最终通过平台构建,改变实验室管理模式,全面推动资源共享,提高实验室管理效率,实现资源效益最大化。

6. 队伍管理制度文化建设

管理制度合理搭配实验室人员梯队,实验队伍包括师资队伍和实验技术人员。实验室文化建设离不开实验技术队伍建设,只有深入了解实验技术人员需求,重视培养发展,将个人精神诉求和实验室文化建设相统一,激发实验技术队伍具有学习进取、协作创新的科研精神,开展科学的考核评价,提升实验室成员对实验室的认同感、归属感和忠诚度,才能营造优秀的学术氛围,大力推动实验室精神文化建设。在课题研究方面,实验室充分考虑技术人员的年龄结构、学历结构、专业优势,组成多个各具特色的研究小组,共同参与课题研究,进行仪器设备应用及功能开发实验,定期开展学术研讨,参与技术交流活动等,团队成员在各项实验活动中以老带新、互帮互助,在技术上取长补短,不断沟通磨合,形成团结、信任、协作的团队精神,成员在团队中也更加有归属感和认同感,产生巨大的凝聚力和向心力,营造和谐共赢的实验室精神文化氛围,共同攀登学术高峰,实现实验室建设目标。

在工作考核评价体系中,要积极改革实验技术队伍管理考核办法,建立全过程、多元化的考核评价体系。通过对工作实绩、能力、态度的模块化考核、定量与定性相结合的评价方法对实验技术人员进行综合评价,正向鼓励全体人员。对考核评价优秀者给以奖励、培养培训、职务晋升优先等机会,实验技术人员可获得更大的职业发展空间,自身价值得到充分认可。通过多元化评价考核方式产生正向激励,在实验室内部营造积极的学习研究氛围,激发了全体人员的工作热情和创新精神,愿意将自身发展与实验室发展目标相统一,从而形成良好的实验室精神文化环境。

5.5.3　新时代的实验室行为文化建设

实验室人员的行为、实验室基础设施的使用、药品试剂的购买存放和实验室废物处理等,是每位进入实验室的人员都要学习和掌握的常规行为规范。

1. 智慧手段协助行为文化建设

在新时代的高校智慧实验室文化建设工作中,应充分利用各类智慧手段来加强落实各项实验室制度。例如,为实验室设定科学合理的温度、湿度、通风数据,利用实验室实时监测功能和智能调控功能来保持实验室室内环境的安全和舒适;建立实验室仪器、场地预约系统,供实验员、教师、学生等不同角色的用户在规定时段内有序借用实验室仪器及场地,合理调配实验仪器的使用和维护时段,更大程度地发挥各类仪器的实验功能和使用效率;利用图像识别技术实时判断实验操作人员是否规范佩戴安全帽、防护服、手套等实验装备,还可对实验人员脱岗行为进行报警,同时监测他们在进行实验的过程中操作是否规范,以提高各类实验的操作安全性;通过在智慧操作系统、实验仪器启动及关闭时添加安全操作提醒,以提高实验室人员的安全意识;通过 VR、AR、MR 等虚拟现实技术及设备对实验室人员进行定期培训,以确保实验室人员规范操作;在实验室活动中,为保障环境与人身安全,可采用面部表情分析系统,结合图像识别技术、状态监控技术等智慧化手段,客观地观察与分析进入实验室人员的情绪与行为,辅助实验室管理人员提前预警实验室实验人员的行为是否具有伤害性、异常性。以上智慧手段可帮助实验室管理人员更有效地落实实验室管理工作,规避麻痹大意的工作心理,进一步确保高校智慧实验室安全有序地承担各项实验任务和育人工作。

智能时代下,依托于各项智能技术可进行人与人工智能的结合,产生"技术"与"身体"的新型主体。人机共融是人与机器人关系的一种抽象概念。人机共融的目标是人与机器人可以相互理解、相互感知、相互帮助,实现人机共同演进。但过度依赖人工智能进行决策,会导致"技术决定论"甚嚣尘上。在实验室活动中,人的主体性地位应该被加以强调,技术仅仅只能作为一种拓展来辅助进行决策。无论技术能够在多大程度上给予我们便捷,无论技术涉及的领域多么广泛,在人与技术的关系中,人才是主体和主导,技术只是人类创造出来并且为人所用的工具,人与人工智能的关系不能失衡。人工智能并没有"真正地"复制人类智能,而仅仅是对人脑部分功能(如演算、记忆、规划、语义处理等)的简单模仿,是通过语义学、句法学和图形计算来模拟部分信息处理的规则和过程。所谓的人工智能剥离了处理器(或人)与其所处环境的复杂关系,从而揭示了过去的智能模拟处在一种摆脱了真实的生活情境和语境。

智慧实验室中布局网络、各类传感器、结合智能家具和基于算法、数据挖掘的集中一体化智能平台。这些智能技术能协助实验室提升管理效率,但不能完全依赖智能技术进行决策与判断。智能仪器或设备是辅助实验室人员活动与管理的技术手段,实验室文化建设需"以人为本",不能过度依赖智能技术,最终以人的综合决策为准。

2. 节约节能行为文化建设

在实验室环境下,实现人与自然和谐,首先需要树立人对自然的正确态度,正确认识人与自然的关系。马克思认为,人是自然的一员,人依赖自然界生存。良好的自然环境是当代每个人的利益,也关系到子孙后代的幸福,人类对自然的破坏和伤害最终伤及的是人类自身,我们无法抗拒这一规律。所以我们要尊重自然、顺应自然、保护自然;反对把自然当成人类自己私有财产的观念。一个实验楼所消耗的电能可能是普通办公楼的 10 倍,水是普通办公楼的 4 倍,而且还会伴随着大量废弃物的产生。因此,要提倡可持续发展及人与自然和谐相处的文化精神,充分利用现有资源,减少实验室废弃物,将建立"绿色"实验室成为科研工作者在实验室日常活动中的首要任务。

实验室可制定废物回收计划,有许多可以回收的材料:纸、塑料、玻璃等,在实验室里放上标识清楚的垃圾桶,并提醒实验员垃圾分类,实验室主管可定期组织培训垃圾分类注意事项。实验室中有许多行为习惯可以协助节约电能,如不需要一直通电的仪器,不过夜的话用完就及时关掉;如白天若实验室光线够强则无须开灯,消耗不必要的能源。根据实验室所在地理环境,太阳能、风能、潮汐能等新能源技术广泛应用于实验室,光伏发电是最常用的新能源技术,即使是一般的实验室也可以配置太阳能光伏板来储蓄电能,搭配户外电源一起使用,还能够让太阳能板发电达到最佳状态。智能控制技术日新月异,已经广泛应用于生产、生活的方方面面,在实验室建设和管理中,也得到广泛应用。采用智能控制系统可以自动控制实验室温度、湿度、照明、气压等,如新风自动控制系统,可以根据实验室内是否有工作人员,自动调整新风换风次数,自动调整通风柜升降门的有效排风面积;如采用送风、回风和排风系统的启闭联锁控制,正压洁净室联锁程序应先启动送风机,再启动回风机和排风机等。实验室内能源消耗、物料使用在合理限度下保留自然功用价值进行节能,最大限度地去维护实验室生态系统整体的动态平衡。

3. 实验室活动促行为文化建设

实验室文化不是抽象的,不能离开具体的学科和专业空谈实验室文化建设。实验室文化建设要与学科建设和专业建设紧密结合起来,使实验室文化具备专业特色、学科特色。高校实验室应该根据实验室的功能与特色深入挖掘实验室的文化特质,根据实验室特有的文化,设计有趣且能凝聚实验室全体成员的竞赛活动,通过文化主题日或竞赛活动,增进交流,拓展知识,拉近不同研究组成员间的距离,增强师生对公用实验平台文化的认同和集体意识,从而使实验室文化主动传承下去,培养学生的自律和自信,为学生未来的职业生涯发展打下良好的基础。如在消防安全月举办"实验室安全文化月"主题活动,系列活动形式多样化,通过实验室知识宣传活动提升师生实验室素质;如在实验室安全教育宣传活动周、实验室安全教育月期间开展实验室安全知识"拆盲盒"答题竞赛、"实验室安全拍一拍"微视频创作大赛等喜闻乐见的安全文化活动。

在实验室环境设置安全知识宣传栏,粘贴安全知识的安全工作简报、经典语录、宣传材料等,同时利用门户网站和微信、微博、短视频平台等新媒体定期推送实验室安全知识及相关事故案例,宣传实验室各类知识,营造浓厚实验室文化氛围。

5.5.4　新时代的实验室精神文化建设

精神文化建设是实验室文化建设的核心,是在潜移默化中形成的思想引导、意志磨炼、情感熏陶、价值取向、思想高度。新时代实验室精神文化是中华传统文化的传承,是在实验室活动过程中培育具有契约精神、安全意识的新青年特有的意识形态。

1. 文化自信助精神文化建设

2014 年 2 月 24 日,习近平总书记在中共中央政治局第十三次集体学习时发表重要讲话时首次提出"文化自信"这一理念。他强调:"要讲清楚中华优秀传统文化的历史渊源、发展脉络、基本走向,讲清楚中华文化的独特创造、价值理念、鲜明特色,增强文化自信和价值观自信。要认真汲取中华优秀传统文化的思想精华和道德精髓,大力弘扬以爱国主义为核心的民族精神和以改革创新为核心的时代精神,深入挖掘和阐发中华优秀传统文化讲仁爱、重民本、守诚信、崇正义、尚和合、求大同的时代价值,使中华优秀传统文化成为涵养社会主义核心价值观的重要源泉。要处理好继承和创造性发展的关系,重点做好创造性转化和创新性发展。"同年 3 月 5 日,习近平参加上海代表团审议时在谈到三个自信时强调:"体现一个国家综合实力最核心的、最高层的,还是文化软实力,这事关一个民族精气神的凝聚。我们要坚持道路自信、理论自信、制度自信,最根本的还有一个文化自信。要从弘扬优秀传统文化中寻找精气神。"同年 12 月参加澳门大学学生座谈他再次提及:"五千多年文明史,源远流长。而且我们是没有断流的文化。建立制度自信、理论自信、道路自信,还有文化自信。文化自信是基础。"进一步把文化自信提升到"三个自信"基础的战略高度。"文化自信"这一理念 2017 年 10 月写入新修订的《中国共产党章程》。党的十九大报告指出:"文化是一个国家、一个民族的灵魂。文化兴国运兴,文化强民族强。没有高度的文化自信,没有文化的繁荣兴盛,就没有中华民族伟大复兴。""要坚持中国特色社会主义文化发展道路,激发全民族文化创新创造活力,建设社会主义文化强国。"

文化自信是支撑道路自信、理论自信、制度自信的基础,是更基础、更广泛、更深厚的自信,是更基本、更深沉、更持久的力量。只有坚定文化自信,才能不断完善与发展中国特色社会主义文化,把我国建设成社会主义文化强国。实验室文化建设中,需坚定文化自信道路。在购置实验仪器设备方面,同等作用的实验仪器优先采购国产机器,相信国产制造业技术与售后保障。2020 年科技部联合发改委等多部门发布《加强"从 0 到 1"基础研究工作方案》,

提出推动高端科学仪器设备产业快速发展。2021 年以来,已有 14 个省市陆续发布新的政府集中采购目录及政策标准,明确了政府采购应遵循国产优先原则。其中,浙江、四川、陕西等 5 个省市在新政中加强了对进口产品的管理,加大对国产仪器的支持力度。实验分析仪器制造行业是仪器仪表行业的重要分支,实验分析仪器的下游应用领域不断拓宽,而政策会驱动下游需求强度持续提升,实验室研发分析仪器仪表技术攻坚和应用普及同时推进。2021 年"十四五"规划明确提出"加强高端科研仪器设备研发制造"。实验分析仪器属于典型的"卡脖子"行业,政策支持力度有望持续加大,高端仪器自主可控大势所趋,国产替代有望加快推进。在发表学术成果方面,优先将实验先进成果发表于祖国大地上。在政策实施方面,教育部根据《深化新时代教育评价改革总体方案》要求进行第五轮学科评估时,进一步完善论文"代表作"评价方法,其中一项规定是代表作中应包含一定比例的中国期刊论文,鼓励优秀成果优先在中国期刊发表。在创建实验室宣传标语时,树立鲜明的奋发向上旗帜,创造师生共同认可的核心价值观。

2. 传统文化融入精神文化建设

2020 年 9 月 8 日,从习近平在全国抗击新冠疫情表彰大会上的讲话中我们知道:中华文化、中华精神是我们文化自信的源泉,坚定文化自信,离不开对中华民族历史的认知和运用。历史是一面镜子,从历史中,我们能够更好看清世界、参透生活、认识自己;历史也是一位智者,同历史对话,我们能够更好认识过去、把握当下、面向未来。博大精深的中华优秀传统文化是我们在世界文化激荡中站稳脚跟的根基。中华文化源远流长,积淀中华民族最深层的精神追求,代表着中华民族独特的精神标识,为中华民族生生不息、发展壮大提供了丰厚滋养。我国是世界四大文明发源地之一,被誉为"文明的摇篮",有着延绵不断的五千年文明史,中华民族在五千多年的发展历程中,也不断创造并传承了优秀的传统文化,铸就了历史的辉煌。社会主义先进文化是中华民族精神和时代精神的有机结合,蕴含着中华优秀传统文化基因,建立基于马克思主义立场观点方法和革命文化的基本精神。今天文化自信的进一步彰显不仅源于中华文化的积淀与厚重,还源于中国特色社会主义伟大实践。在实验室活动中,应该深入学习和传承中华传统美德。

诚信知报。"信"是遵守诺言,守信用、讲信誉。"信"不仅是简单的诚实,更是守信用,言行相符。孟子把诚信看作社会的基石和做人的准则。在实验室活动中,任何人发现实验室异常情况都需要知无不报,担任实验室管理责任的人员,认真落实实验室安全巡检制度。严于律己,修己慎独是中华民族的传统美德。在实验室无人监督的情况下,科研人员凭着高度自觉严格按照实验标准规程操作设备,遵守实验室安全规定,按照流程取用实验室危险化学品等活动,都需要极高的自律程度。克己奉公。"公"即大家,在高校实验室的环境中,个人需要严格遵守实验室安全准则,时刻将自己与他人的安全放在同等重要位置,保护个人的安全也需要保护他人的安全,为自己与他人都创造安全的科教环境。作为新青年,人人应有强烈的责任担当,师生共同谋全局,才能保安全。勤俭廉政。在实验室活动中不浪费水资源,离开实验室时随手关灯、关闭设备以节约电力均是"勤俭"的表现。"廉"不仅是执政者的自我约束要求,也是一般人应当有的传统美德,在实验室活动中,按照操作规程进行实验、不进行危险活动,严格对自我进行约束就是人的"廉"。实验室管理者合理投入实验室安全经费、公平执行实验室安全管理规定即是"廉政"。未雨绸缪。"未雨绸缪"一词最早出自西周·佚名《诗经·豳风·鸱鸮》的"迨天之未阴雨,彻彼桑土,绸缪牖户。今女下民,或敢侮予?"后引申为事先做好预备工作,防备不测的事产生。实验室安全文化同样也是危机意识的培养,而培养危机意识强调预防,当师生的实验操作合规性提升与自我防范意识增强,在潜移默化中危机意识随着时间推移越来越强,才能提升整体实验室环境氛围。

3. 工匠精神融入精神文化建设

院校作为培养大国工匠的摇篮,要大力传承与发扬工匠精神。实验场所作为培育人才的实践场所,学生不应该局限于"动手",更应该"动脑",应注重培养学生的创新思维与创新意识。现代工匠精神引领下的高校实验室教育教学改革评价就是以强化顶层设计为引领的气魄与勇气,秉承精雕细琢、坚定与执着的"工匠精神",聚焦实践教育改革。在教育方面,可从以下路径培养学生的"工匠精神"。第一,树立校企合作培养工匠精神理念。实验室可选择企业进行产教整合,建立合作型人才培养机制,学生可选择在企业实验室的相关岗位进行实习,从基础部分做起,体验企业经营过程,增强专业实践能力,增强对"工匠精神"的理解。第二,在学生职业素养教育中融入工匠精神,使教育理论不断深化,从而全方位提升学生职业素养。毕业后学生进入职场,必须要有过硬的职业技能,专业知识是职业发展的根基,没有扎实的基础知识,职业发展举步维艰,只有重视基础知识,才能继续推行工匠精神的培养。在实验室环境下,教师与实验技术人员应调动学生的学习兴趣,提倡学生多动脑、多实践、多钻研。在实验教育工作中制定出具体的策略,在教育中融入工匠精神。第三,在学生职业生涯教育中融入工匠精神。职业生涯教育引导着学生职业的发展,贯穿于学生职业教育始终。在实验课中,除教授实验安全知识、实验技能之外,还可辅助实验课程中渗入职业生涯教育,职业生涯教育依托心理学、教育学,多层面、多角度分析职业行为,主要包括认知、能力、环境等,加以社会学、经济学对职业行为进行更深层的分析。工匠精神培养与实验课程的结合还需院校发挥作用,制定科学、合理的实施计划。

4. 科学严谨助精神文化建设

科学严谨性和规范行为在实验室发展过程中受到越来越多人的关注和重视,一个良好的实验室在壮大和发展中应不断淬炼自身品格,这种品格是历代实验室工作人员的智慧积累与沉积,是在实验室工作的先辈们的科学严谨、孜孜以求的文化内涵,同时也是反映时代特色的实验室精神核心,并将实验室的科学严谨性提升上来。例如,孟德尔的豌豆杂交实验为遗传学打下了基础,他最初选用了 22 种豌豆(pisum sativum)植物,并采用人工授粉,让这些植物和它们的后代进行多次杂交,在 8 年时间里一共产生了 1 万多株植物,他在论文中提到在实验过程中想办法降低风吹授粉或昆虫传粉的风险,此实验不仅耗费周期长,并且需要尽可能控制外界因素对实验结果产生干扰。实验室的灵魂人物和领军人物都有独特的治学理念与思想追求,由此可以作为实验室的文化底蕴、特色与传统,通过历经数届实验人员创新、褒扬与传承,最终铸就实验室的科学严谨精神。我们应树立起实验室科学严谨精神文明榜样,使大家充分了解实验室的精神内涵和严谨作风,使实验室的文化能够长存下去。

5. 契约精神维护精神文化建设

契约精神是自然经济向商品经济、身份社会向契约社会过渡的产物,是伴随市场经济、商品经济和民主政治产生的一种精神文化。诚信意识是契约精神培育的核心内容。契约精神以诚信意识为核心,这是由契约的本质所决定的,契约从诞生到发展的过程就是诚信意识作为人类基本道德观念的确立过程。

契约精神是一种遵守市场规则的行为和意识,对于检测实验室等具有经营性质的实验室文化建设中契约精神不可缺少,站在实验室负责人的角度看,契约精神可从实验室内部、外部协作和社会参与三个层面驱动建设。

在实验室内部,作为管理与经营实验室的主要人员,实验室负责人的契约精神能够驱使实验室员工体会到实验室与员工之间的契约,兑现实验室对实验人员的承诺,激发员工的工作积极性,进而提升工作效率。在实验室外部协作层面,信誉是企业的重要资源,是企业寻找合作伙伴的基础,以诚信和共赢理念签署和履行商业契约。合作伙伴委托实验室进行检测样本,合作前实验室应当对样本检测量和检测时间进行预估,以便判断能否完成合同内容。契约精神能驱使实验室积极减少契约执行过程中的不确定性和不安全因素,降低信息不对称给契约履行带来的风险和成本,实现与合作者的协同共进。同时,驱使实验室采取公平、公正、公开的态度参与商业合作,有助于扩大实验室的影响力和品牌创建。在社会层面,契约精神主要表现为实验室负责人的社会责任和担当意识,驱使实验室负责人遵纪守法经营,降低和消除违法违规操作,驱使实验室负责人尊重社会道德、伦理期望及市场规则等非正式契约。

规则意识是契约精神培育的基础内容。培育规则意识能够为培育契约精神提供理性思维和道德自律的基础。第一,培育规则意识能够提升实验室人员的理性思维能力。理性思维是一种立足于客观事实,有明确的目标和方向,能够综合运用归纳、比较、分析、推理等能力提炼事物发展的规律并将其运用于实践的思维方式。第二,培育规则意识能够强化实验人员的自律能力。规则意识所包含的不仅是实验室人员对于规则的理性认知,更重要的是对于规则的自愿遵守。违反规则的原因很多,有法律体系、信用体系、监管体系存在漏洞,执法力度不强、宣传教育不到位等外部原因,更主要的还是道德自觉和自律程度较低等内部原因。培育规则意识,能够让实验室员工在面对规则所设定的情况下,主动运用规则制定的行为模式和价值理念来指引、规范自己的行为,在主动运用规则的长期实践下,从而形成遵守契约和规则的自律性、自觉性。

6. 红色文化助精神文化建设

红色基因是我们党在长期奋斗中锤炼的先进本质、思想路线、光荣传统和优良作风。兵团精神、军垦文化是兵团高校最宝贵的精神财富,我们经历过长期的革命斗争,在艰苦卓绝的长期革命斗争过程中培育了长征精神、延安精神、井冈山精神等一系列宝贵的革命精神财富,也形成了具有鲜明特色的红色革命文化,红色革命文化是党和人民自身奋斗的真实记录。红色血脉是中国共产党政治本色的集中体现,是新时代中国共产党人的精神力量源泉。正是革命文化精神为我们渡过难关取得胜利提供了强大的精神支持,是中国共产党人崇高理想和精神追求的集中体现。

在高校实验室发挥学校实践育人功能,深化红色文化研究,推动红色科研育人,注重把科研优势转化为育人优势,将红色艺术教育融入思政教育实践,让研究成果进课堂、进教材、进学生课外活动。校内教学实验中心的实践实现线上线下相结合,线上打造红色网络思政等红色网络示范活动,实施"大数据＋网络红军"师生骨干培养工程,使之成为支撑学校网络意识形态工作的骨干力量;线下以实验室为单位,组建"青年网络志愿者服务队",利用网络互动平台,积极宣传党的理论成果和红色文化,或开展红色班级文化风采,鼓励学生参与教师主持的红色文化课题研究,设立红色文化研究专项课题,让学生在实验室的红色教育实践中培养爱国之情、砥砺强国之志、实践报国之行。

科研或检测实验室营造延续中国科学家精神文化氛围。"两弹一星"精神是老一辈科学家在建国初期研制核弹、导弹和人造卫星期间体现出的一种坚持信仰、百折不挠、毕生报国的崇高科学家精神。在"两弹一星"的事业当中涌现出一批又一批优秀的科学家,他们坚守理想、隐姓埋名、艰苦奋斗、甘于奉献、牺牲自我的革命精神和实事求是、精益求精的科学精神令人深受震撼。"两弹一星"的成功研制为我国带来了超过半个世纪的和平与安定,我们应该牢牢铭记,在新时代,我们要学习"两弹一星"元勋的精神,勇攀科技高峰,把我国建设成为世界科技强国。"两弹一星"老科学家们的一生,是为国家繁荣富强奋斗的一生,他们把对祖国的忠诚、对党的热爱和对科学真理的执着追求融为一体,是一代知识分子的典范。科学无国界,但科学家有国界,科研工作者要时刻牢记作为一名新时代中国青年的使命与担当,延续忠诚无畏、勇于攀登、无私奉献、以身许国的家国情怀和科学家精神。实验室凝聚党员力量,以党组织为单位组织系列活动弘扬科学家精神。为了深入贯彻落实习近平总书记重要指示精神,继承和发扬老一辈科学家胸怀祖国、服务人民的优秀品质,加强党员对"两弹一星"精神的深刻理解,培养爱党、爱国思想情感。党支部可组织合诵表演、组织参观"两弹一星"纪念展、观看老科学家系列微电影等活动。实验室文化建设应以此为依托搭建红色育人平台,充分挖掘红色文化资源,通过邀请老教授讲座、组织参观红色教育基地等方式,让兵团精神、军垦文化在学生心里生根开花,用红色基因铸魂育人。

7. "三全育人"精神文化建设

中共中央、国务院于 2017 年印发《关于加强和改进新形势下高校思想政治工作的意见》,提出坚持全员全过程全方位育人为加强和改进高校思想政治工作的基本原则之一,要求把思想价值引领贯穿教育教学全过程和各环节,形成教书育人、科研育人、实践育人、管理育人、服务育人、文化育人、组织育人的长效机制。"三全育人"是贯彻落实"坚持把立德树人作为根本任务"这一新时代教育改革发展新理念新思想新观点的有效工作机制。"三全育人"的重心在"全",在高校背景下,实验室是育人阵地和综合改革示范区建设之一。实验室是学校组织实验教学、培养学生实践能力、开展科学研究、激发学生创新精神和创新活力的重要基地,在"三全育人"理念下,"全员育人"要求学校全体教职员工都要成为"育人者"。教学活动中,实验技术人员在三全育人教育理论和高校教师职业精神的指导下,结合自身知识结构、工作内容及工作特点在开展教学活动时助力形成良好的教学风气。管理服务中,实验技术人员在实验室日常活动中引导劳动育人,劳动育人主要体现在指导值日生有效整理并还原实验室,包括清洗归位实验用品、处理处置废液废弃物、整理打扫教室卫生、检查关闭实验仪器等。实验室精神文化建设中,人人都要履行育人之责,实现教书育人、管理育人、服务育人。

8．预防型安全治理精神文化建设

在实验室安全治理工作方面，观念需由"事后型"向"预防型"转变，将实验室不安全因素的管理方式实现由"分散管理"向"闭环管理"转变。一方面，实验室安全工作要戒除"不出事就是安全"的侥幸心理，抛却"亡羊补牢"式的陈腐观念，坚持"预防为主、安全为要"理念，深入系统开展安全隐患排查，提升事故预防、风险防控的科学化治理水平。另一方面，利用智慧实验室的全生命周期安全状态监管，如对危险化学品的购置、存储、使用、处置等环节采取全程闭环管理等，最大限度地降低安全事故的发生率。

第6章

智慧实验室建设与管理综合案例

本章节将智慧实验室建设与管理的建设方案进行综合案例介绍,6.1~6.3节将以国内第三方建筑材料检测实验室为背景进行案例讲解,6.4节以高校实验室为背景进行案例分析。

6.1 样品智能分拣与仓储系统建设方案

高效智能的仓储管理可以帮助企业加快库存物资周转、降低资金成本、实现对库存物资的有效控制和管理,保障生产的顺利进行。目前国内众多行业已在仓库管理中实行了"无人值守智能仓库管理系统",并有效提高了企业的管理水平和工作效率。从建材检测的行业现状分析,检测样品的管理依然采用传统的粗放式仓储管理模式,这种模式效率低下、管理落后,已无法适应现代企业发展的要求。由于在样品的出入库管理、仓储位置管理、样品核对、样品流转等重要环节中信息采集不及时,堆放标准不统一,查找困难、人工操作失误率高等原因,极易造成效率低下、样品丢失等问题,给样品管理带来风险。因此,从管理效能和经济效益出发,为提升检测样品的管理水平,实现检测样品的智能化分拣与仓储,降低人工成本、加速流转效率、提高样品管理质量,通过建设样品智能分拣与仓储系统,实现样品的智能化高效管理。

6.1.1 现状与需求分析

1. 样品仓储与流转区现状分析

该第三方检测实验室现有的样品仓储与流转区占地面积约 $40m^2$,实际可使用面积约 $30m^2$,场地净空高度约 3m。场地条件已远远无法满足业务发展的需要。因此,现有的样品仓储与流转区的场区面积和规划已远远无法满足业务需求,导致目前样品堆放混乱、查找困难、流转滞后等一系列问题,且容易导致样品遗失、流转错误等重大问题。

2. 样品存储和流转流程现状分析

现阶段,实验室的样品管理主要通过样品管理员对样品进行人工存储、分拣和配送。现阶段入库记录方式效率低下,收样高峰期,常常不能对样品进行及时记录,甚至漏录。收样后,仅有样品的入库记录,没有相应的规则来规范样品的放置位置。导致样品放置杂乱无章,容易造成样品流转区通道阻塞,使空间利用率和存取效率降低。并且,不同样品入库后,存在重叠堆放现象,造成样品之间的相互污染。

针对上述问题,拟采用搬运机器人在仓库对样品进行运输、存储、流转,并结合对仓库管理系统的二次开发,建立与样品特征、专业特点、工作流程等相适应的样品智能分拣与仓储系统。

6.1.2　样品特征分析

目前智能化仓储系统管理的对象通常为单一的、固定规格的物品,但是建材样品具有多样性、复杂性、不规则性等特性,需对样品进行分类存储、分类管理。并且由于样品尺寸外观的不规则、不统一,需要将样品"标准化",即需要将样品置于标准盒子进行统一管理。因此,需要从样品形状、样品包装形式、样品尺寸、单个样品重量、单组样品数量等参数对所有样品进行统计和分类,以确定进行智能仓储的样品种类、比例以及标准盒子的尺寸等。

以样品质量为20kg、长度为600mm或面积为360 000mm^2(长和宽分别为600mm)作为样品是否超标的基准,可将样品分为未超标与超标两类样品,详单如表6.1所示。

表6.1　智能化仓储和常规仓储样品分类

	样 品 名 称
未超标	水泥、掺和料、外加剂、湿拌砂浆、配比原材、保温砂浆(试块)、泡沫混凝土砌块、预拌砂浆、纤维、抗车辙剂、沥青、矿粉、蒸压加气块专用砂浆、石屑、碎石、混合料、土、砂、级配碎石、稳定材料用细骨料、稳定材料用粗骨料、砂浆、水泥净浆、蒸压加气混凝土砌块、钢材(拉伸、弯曲)、锚具夹具、管片螺栓、高强螺栓锚дом、夹片、杆件、安全带、安全帽、直角扣件、旋转扣件、对接扣件、金属波纹管、石材、给排水管件、结构加固用胶粘剂、陶瓷砖胶粘剂、建筑涂料、建筑用腻子、防水涂料(聚氨酯)、聚合物防水涂料、防水卷材、土工合成材料、绝热用挤塑聚苯乙烯泡沫塑料、壁纸、聚氯乙烯卷材地板、地毯、塑胶跑道材料、人造草皮、漏电开关、空气开关、塑料外壳断路器、面板开关、固定式插座、LED筒灯/嵌入式LED灯、路灯、荧光灯、灯泡、金属阀门、阻燃胶合板、挤塑板、橡塑保温板(棉)、石膏板、硅酸钙板、电线电缆(部分)、电线电缆套管、窗帘幕布
超标	钢绞线原材、普通混凝土试块、陶瓷、钢筋原材、钢筋焊接及机械连接、钢材焊接、钢材、高强度螺栓、普通紧固件、电焊条、螺栓球、灰砂砖、混凝土实心砖、混凝土路面砖、路缘石、铝合金型材、隔热型材、铝单板、铝塑复合板、龙骨、石膏板、硅酸钙板、人造板及其制品、溶剂型木器涂料、内墙涂料、木家具、地坪涂料、水性木器漆、防火涂料、钢结构防腐涂料、电焊条/药芯焊丝、实心焊丝、种植土、有机肥、跑道液体原材料及颗粒原材料、普通室内装修电线电缆、电力电缆、塑料阀门、岩棉、玻璃棉

6.1.3　场地状况分析

针对现有样品仓储与流转区实际可使用面积较小、业务量较大而导致样品堆放混乱、查找困难、流转滞后、样品遗失、流转错误等一系列问题,必须通过更换场地、增加仓储面积以防止上述问题继续出现。

针对目前人工操作较多,样品入库信息记录效率低下且无规范性存储管理、样品放置无序无律,导致时常出现样品信息记录不及时,甚至漏录、样品流转区通道阻塞、仓储空间利用率和存取效率下降、样品重叠堆放现象等问题,提出了完善样品管理规则,通过创建新型样品管理指南,使用 WMS 协同仓储管理与信息记录,搬运机器人替代人工对样品进行运输、存储、流转,以达到优化仓储管理模式,提高样品流转效率。

图 6.1 是样品流转流程图。

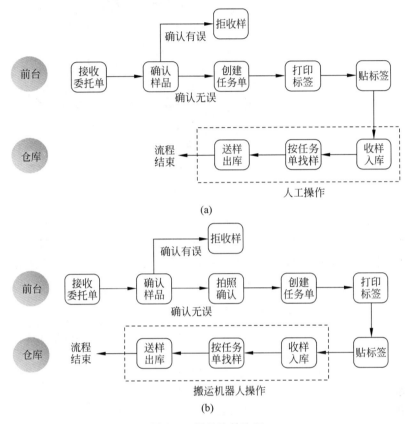

图 6.1　样品流转流程
(a) 现样品流转流程;(b) 预设定样品流转新流程

6.1.4　场地规划

新规划的智能业务大厅由五大部分构成,按顺序依次是前台、客户休息区、样品接收区、智能仓储区、样品流转区,如图 6.2 所示。

1. 前台

前台是接待委托客户、业务办理的主要窗口,其作用是整个智能仓储系统中不可缺少的一部分。

前台,其工作职责主要为接待委托客户、办理业务,处理在系统中委托登记,并处理业务问题等其他工作。本次在智能化仓储系统前台设计中,前台位置背靠智能仓储区,加设文件档案柜 2 个,转角柜 2 个,设置了 7 个工作窗口。前台区域长约 18m、宽约 3m,占地面积约为 $54m^2$。

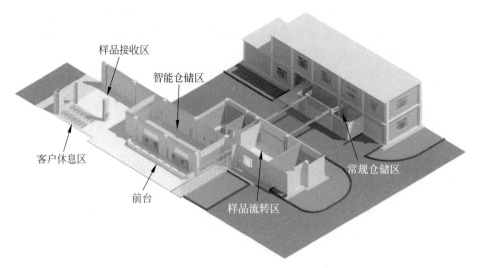

图 6.2   区域规划示意

目前,前台设置了委托受理、报告办理、财务缴纳三大窗口,其中委托办理为 2 个工作窗口,报告办理为 1 个窗口、财务缴纳为 1 个窗口。根据单月的业务统计数据,每天平均的叫号量为 20 个,生成的委托编号为 44 个,平均的下班时间为 20:00,具体数据如表 6.2所示。

表 6.2   业务室前台 8 月委托处理数据表

日　　　期	叫号量/个	委托编号/个	员工平均下班时间	委托单平均处理时效/min	周 平 均 值			
					叫号量/个	委托编号/个	下班时间	委托单处理时效/min
2019/8/1 星期四	23	64	19:20	4	24.5	66	19:40	4
2019/8/2 星期五	26	68	20:00	4				
2019/8/5/星期一	18	46	20:10	3.5	20.4	52	19:49	3.4
2019/8/6/星期二	16	48	19:12	3.5				
2019/8/7/星期三	23	62	19:35	4				
2019/8/8/星期四	26	61	20:10	4				
2010/8/9/星期五	19	43	20:00	2				
2019/8/12/星期一	20	41	19:20	3	20.8	36.6	19:42	2.88
2019/8/13/星期二	26	45	19:30	3.5				
2019/8/14/星期三	18	34	20:20	2				
2019/8/15/星期四	14	31	19:20	2.5				
2019/8/16/星期五	26	32	20:00	3.4				
2019/8/19/星期一	29	39	20:10	4	22.6	45.4	19:48	3.7
2019/8/20/星期二	31	42	19:50	3.6				
2019/8/21 星期三	22	61	19:30	4				
2019/8/22 星期四	16	43	19:20	3.4				
2019/8/23 星期五	15	42	20:10	3.5				

续表

日　　　期	叫号量/个	委托编号/个	员工平均下班时间	委托单平均处理时效/min	周 平 均 值			
					叫号量/个	委托编号/个	下班时间	委托单处理时效/min
2019/8/26/星期一	22	44	21：00	2	17.6	32.6	20：20	3.04
2019/8/27 星期二	21	34	20：11	2.6				
2019/8/28/星期三	16	38	19：20	3				
2019/8/29/星期四	14	24	20：10	3.6				
2019/8/30/星期五	15	23	21：00	4				

因此,为提高工作效率和客户满意度,本方案中加设了 3 个委托办理的工作窗口。即前台设置了 7 个窗口,其中,委托办理 4 个窗口、报告办理为 1 个窗口、财务缴纳为 2 个窗口。如图 6.3 所示。

2. 客户休息区

客户休息区是客户填写委托单,等待叫号处理的区域场所。该区域进深约为 8.5m,宽约 6.2m,面积约为 52m²。

客户休息区的规模是依据每日的客户流量、每单委托平均处理时间来布局规划的,本方案设置了 2 排 7 列,每列为 3 个一组的座椅供委托客户休息或办理填写业务使用。同时,也将在该区域设立自动报告打印机、自动贩卖机、自动取号机等设备以便客户办理业务。如图 6.4 所示。

图 6.3　前台效果　　　　　　　　　　　图 6.4　客户休息区效果

3. 样品接收区

样品接收区是确认样品信息、数量是否都满足实验需求的区域,在前台工作人员核对确认样品无误后,将针对每个样品生成对应的标签并打印,最后贴好标签后送到智能仓储区的缓存区,进行扫码入库。如图 6.5 所示。

4. 智能仓储区

智能仓储区是通过固定货架、搬运机器人、样品缓存传送装置,对接收的样品进行自动

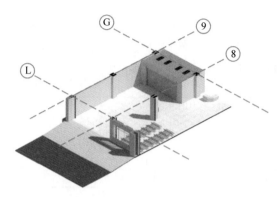

图 6.5　样品接收区三维剖面

仓储与信息管理的区域。区域进深约为 20m、宽约为 8.4m,面积约为 172.52m² 。同时,为使委托客户的样品方便运输进库和出库,防止他人换样,在入库出库位置加设电动卷帘门,同时在靠前台墙处加设观察窗,不仅提高采光照度,同时也提高美观性和可参观性。如图 6.6 所示。

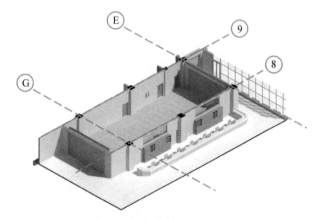

图 6.6　智能仓储区三维剖面

　　智能仓储区内部布局示意图如图 6.7(a)所示。由图可知,本方案拟设计 6 条巷道,4 层货架,每层 72 个货位,即库容量可达 288 个货位,每个货位存放的标准盒子均为一个规格(600mm×600mm×350mm);仓储区可用总高度可达 4.4m,货架高度为 3.5m,入库口与出库口设置有输送滚筒线可进行样品交接,如图 6.7(b)所示。

　　该方案的出入库流程如图 6.8 所示,本方案需在入库点和出库点分别设置仓库管理员,完成样品由客户到智能仓储区的流转与仓储区到各科室的流转。

5. 样品流转区

　　样品流转区主要为样品从智能仓储区出库后,进行停留,为流转至各个实验室做准备的房间。样品流转区进深约 11m、宽约 9m,面积约为 101.17m² ,如图 6.9 所示。

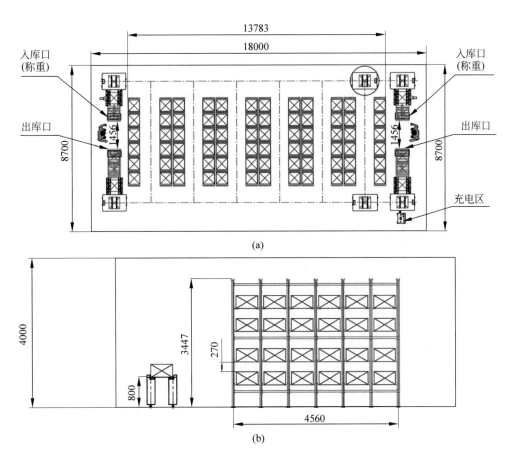

图 6.7 智能仓储区布局示意

（a）布局规划；（b）单排货架侧面

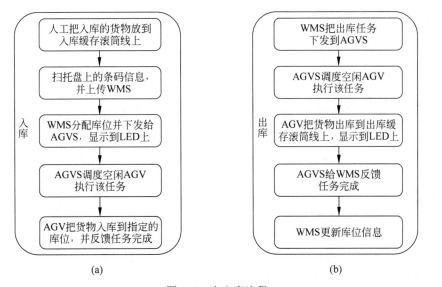

图 6.8 出入库流程

（a）入库流程；（b）出库流程

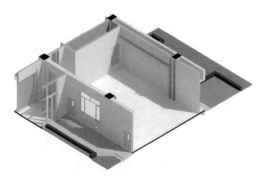

图 6.9　样品流转区三维剖面

6.1.5　设备选型与比对

随着科技日益进步,以前需要大量人工劳作参与的行业开始向自动化技术转变。作为近几十年发展起来的一种高科技自动化生产设备,工业机器人、机械手在现代各种技术领域中均扮演着极其重要的角色,现从四大趋势来分析智能搬运机器人发展趋势。

1. 自动化程度越来越高

机电综合技术将会成为智能搬运机器人发展的主流,而衡量智能搬运机器人技术水平的一个重要指标则是自动化程度。智能搬运机器人的自动化主要包括自动控制和自动检测。一大批微电子、红外线、传感器等新技术,尤其是微小型计算机的广泛使用会使智能搬运机器人的自动控制和自动检测水平飞速提升,从而大大提高码垛质量。

2. 高速化

不仅要促进单机高速化,而且要提高系统的高速化。智能搬运机器人发展趋势指出,在不断提升自动化程度的前提下,还需不断改进智能搬运机器人的结构。同时将整个系统的生产效率重视起来,这样才能让高速化向更深层次发展。

3. 采用模块化结构

采用模块化结构不仅能够让智能搬运机器人最大限度地满足不同物品对机器人的要求,同时可以让设备的设计和制造更方便,能够降低成本、缩短生产周期。

4. 多功能智能搬运机器人

智能搬运机器人发展趋势表明,对于生产大批量、尺寸固定的商品,一般会有相应的设备进行码垛。近些年由于多品种、小批量商品市场的不断壮大以及中、小型用户的急剧增加,多功能通用智能搬运机器人的发展速度很快,应用前景十分广阔。

随着社会经济增长,搬运机器人在物流领域中货物的装卸运用越来越频繁,使其已经成为物流行业必不可缺的实用工具,通过搬运机器人把原材料、零部件等物品送到生产工位上,才能让生产加工过程变得更加高效。

搬运机器人(transfer robot,TR)是可以进行自动化搬运作业的工业机器人。最早的搬运机器人出现在 1960 年的美国，Versatran 和 Unimate 两种机器人首次用于搬运作业。搬运作业是指用一种设备握持工件，从一个加工位置移到另一个加工位置。搬运机器人可安装不同的末端执行器以完成各种不同形状和状态的工件搬运工作，大大减轻了人类繁重的体力劳动。世界上使用的搬运机器人逾 10 万台，被广泛应用于机床上下料、冲压机自动化生产线、自动装配流水线、码垛搬运、集装箱等的自动搬运。部分发达国家已制定出人工搬运的最大限度，超过限度的必须由搬运机器人完成。

搬运机器人是近代自动控制领域出现的一项高新技术，涉及力学、机械学、电器液压气压技术、自动控制技术、传感器技术、单片机技术和计算机技术等学科领域，已成为现代机械制造生产体系中的一项重要组成部分。它的优点是可以通过编程完成各种预期的任务，替换人工作业，释放多余劳动力，提高样品流转效率，降低人力成本，保障仓库管理员的人身安全与健康。

根据调研资料可知，现有搬运机器人主要为堆垛机、码垛机、穿梭车、自动引导车（automated guided vehicle，AGV）、组合机器人（如码垛机与 AGV 组合、机械臂与 AGV 组合）。而适用于现有情况的机器人如下。

1）码垛机

该机器人可实现把样品从某处固定端搬运到另一处固定端，其主要由机架（上横梁、下横梁、立柱）、水平行走机构、提升机构、载货台及电气控制系统构成。

2）穿梭车

该机器人可以实现样品在同一平面四向移动（即可在 x、y 两个方向上水平移动），通过与升降机组合的方式可以实现样品上下方向移动（即 z 方向垂直上下移动）。其中，穿梭车通过其摆杆完成存取料箱的动作。但穿梭车必须在已安装轨道上才能行驶并完成搬运任务。

3）自动引导车

该机器人主要通过运载可移动货架来实现样品轮流，但仍需人工对样品进行拣选与搬运，且该行为为经常性动作，无法实现有效地降低人工成本。

4）组合机器人（码垛机与 AGV 组合）

该机器人为组合式机器人。其上肢部分为码垛机的载货平台，可以完成对标准盒子的拿取、上下架等任务，其下肢部分为 AGV，可以完成整个机身的移动任务，通过这样的组合方式可以有效地提升搬运效率。

上述四种机器人的具体对比情况如表 6.3 所示。

表 6.3 搬运机器人参数对比

搬运工具	最大速度/(m/s)	额定负载/kg	噪声/dB	自重/kg	运动方式
码垛机	2.5	60	65	4080	天轨地轨
穿梭车	2.5	50	50	160	导轨
自动引导车	0.8	1000	65	180	AGV
组合机器人	1	300	65	200	AGV

注：码垛机的楼面承重为 $860\mathrm{kg/m^2}$，超出了一楼楼面的承重极限。

由于智能仓储区相比重工业的无人仓储,规模小、楼下存在地下室、前台距离较近,因此在搬运机器人的选择上,优先从机器人的噪声大小、自重以及对楼板影响考虑。组合机器人对场地改建要求小,噪声在规定噪声范围内。因此,最终选择组合机器人为该方案的搬运机器人。

除了搬运机器人,仓库管理系统提升样品流转效率也是不可或缺的一环。国内很多企业已经认识到仓库管理的重要战略意义,正在逐步由传统的仓库管理模式向信息化管理模式转型。从而智能仓储系统应运而生,该系统的软件部分主要包括仓库管理系统(warehouse management system,WMS)、仓库控制系统(warehouse control system,WCS)和监控系统。其中 WMS 是以条形码为载体,条形码内记录样品的信息,在做出入库、上下架、盘点、调拨、查询等作业时,通过扫描设备读取条形码内的样品信息与数量,实时传输到系统,对样品信息数据库做实时更新。

WCS 是位于 WMS 之下和监控系统之上的信息系统,完成 WMS 与自动化系统的连接。顾名思义,监控系统完成自动化作业的任务监控。在一个自动化立体库系统中,监控系统要求与立体库设备发生紧密互动,主要是码垛机、输送机、穿梭车等。在其他系统中,还有分拣机、AGV、机械手等自动化设备。

通过加入智能仓储系统,增强客户和样品管理的信息交流与共享,增强信息的可靠性、实时性。保证对仓储区的库位精确把控,对样品进行全面监控,实现仓储区空间的充分利用及流转时间的合理控制;同时,数据可以及时传递,实现透明化、精细化的过程管理;另外,集合条码技术,完成信息化的全面应用,将库位、样品等信息数据化,实现对样品的可追溯性;最后,实现公司管理模式的转变,从传统的仓库管理模式进化到信息化管理模式。

6.2　建设工程材料智能化检验示范实验室建设方案

6.2.1　现状与需求分析

实现检测过程的智能化或自动化,最大限度减少人为操作的不利影响、降低劳动强度、提高工作效率,必定是建筑材料检测未来的发展方向。通过智能化检验示范实验室的建设,是实现实验室高质量发展的重要手段。因此,实验室从行业特点着手,选择部分代表性强、影响力大的项目,进行先行示范建设,以点带面,推动实验室的检测向更高层次跨越。根据上述原则,选择混凝土抗压、混凝土抗渗、钢筋拉伸等最具代表性的项目进行建设,详细现状分析如下。

1. 混凝土抗压强度试验

混凝土试块抗压强度检测是建材检测最典型、最基础的检测项目,该项目依据标准《混凝土物理力学性能试验方法标准》(GB/T 50081—2019)进行试验。该试验的特点为:①试件重量大、劳动强度高。每组 3 个试件,单个试件重约 8kg,每组 24kg,日均检测量 100 组以上,总重达 2.4t。目前,混凝土抗压强度试验样品搬运、尺寸测量、样品就位、芯片扫描、破型后移除、检毕样品的清运均是人工操作,导致检测人员的劳动量大,体力消耗巨大。②人工操作效率低下。按照 C30 强度等级混凝土测算,目前一名试验员正常的工作效率约为每小时 8~9 组,一天正常的工作量约为 60 组。按照目前工作量,需要加班加点方能完成。并且,由于混凝土抗压有龄期要求,如果单日任务量过大,容易造成试验超期,抗压强度试验无效。且周末、节假日均需要安排人员加班试验。

综上所述,现有常规设备条件下,混凝土抗压试验人员劳动强度高、单机产能低等缺陷,亟待通过引进智能混凝土抗压检测系统解决。

2. 钢筋拉伸与重量偏差试验

钢筋拉伸与重量偏差试验是工程竣工验收强制性检验项目,该项目依据《钢筋混凝土用钢 第 1 部分:热轧光圆钢筋》(GB/T 1499.1—2017)、《钢筋混凝土用钢 第 2 部分:热轧带肋钢筋》(GB/T 1499.2—2018)以及《钢筋混凝土用钢试验方法》(GB/T 28900—2022)进行试验。该试验的特点为:①重量偏差试验一组 5 根,需要人工逐根测量长度及整体称重。拉伸试验需要人工打点、人工装样、人工卸样、人工测量断后钢筋长度等。按照目前的工作效率统计,完成一组钢筋的拉伸性能和重量偏差试验平均为 10min,每人、每台试验机产能为每小时 6 组,很难保证检测时效要求。②钢筋样品编号无法识别。目前,行业主管部门对于检测的监管力度逐步加大加强,除了要求数据实时上传,还需要对检测全过程进行录像监控。录像监控不仅需要看到试验机和样品,还需要清晰地看到样品编号。由于钢筋呈长条形圆周面,现有的样品标签张贴方式及标签形式无法达到上述要求。综上所述,现有设备条件下,钢筋拉伸与重量偏差试验无法满足检测时效、检测质量及监管要求,亟待通过引进智能钢筋拉伸试验检测系统解决。

3. 混凝土抗渗试验

混凝土抗渗性是决定混凝土耐久性的重要因素,同时是评价混凝土结构致密程度的重要指标。对于地下混凝土结构等具有抗渗要求的部位如承台、底板、地下连续墙等,以及交通、水利、海港工程等,抗渗性是进行工程质量验收的主要控制参数。该参数依据《普通混凝土长期性能和耐久性能试验方法标准》(GB/T 50082—2009)进行,标准要求采用一组 6 个圆台形试件,上底面直径为 175mm、下底面直径为 185mm、高为 150mm,安装在抗渗试验机台上,由 0.1MPa 开始,每隔 8h 增加 0.1MPa 水压,并随时观察试件端面渗水情况,当 6 个试件中有 3 个试件表面出现渗水或加载至规定压力后停止试验。对于抗渗等级为 P8 的试件,一般需要连续 3d 才能完成试验。该试验的特点为:①试件重量大,装模与脱模工作劳动强度高、耗费时间长。每组抗渗实验需 6 块样品,每块抗渗试块加模具约 20kg。每个检测员每小时可安装 2 组试样。目前,混凝土抗渗性能试验,样品搬运、装模、就位、检毕样品拆除、清运均是人工操作。②试件密封性不好,往往导致试验无效。③试验过程必须连续进行,渗水需人工判定,夜间需专人值班方能保证试验结果准确可靠;试验结果的判定存在人工误差;下班后、节假日人员值守、加班问题。④仪器设备占地面积大,维护保养费用高,试验耗费时间长。现有设备只能单机、平行布置摆放,单台设备占地面积 2m²,业务量大,设备众多,占用了大量实验室面积。

综上所述,现有设备条件下,混凝土抗渗性能试验,存在人员劳动量大、设备占地面积大、试验结果不可靠等缺陷,亟待通过引进全自动混凝土抗渗试验机予以解决。

6.2.2　场地规划建议

智能化检验示范实验室的布置与建设综合考虑了以下几个因素：

（1）设备的空间需求。智能混凝土抗压强度检测系统中机器人龙门架的高度要求至少5m，智能钢筋拉伸试验检测系统中试验机的净空高度也通常在3～4m。

（2）待检与检毕样品运输便利性。智能化检测的样品主要是混凝土试块、钢筋及抗渗试块，其特点是笨重且占地大，检毕样品清理运输困难。因此，实验室的选择应考虑样品的流转与处置。

（3）设备功能需求。智能混凝土抗压强度检测系统采用自动出料传输系统，即检毕的混凝土试块经过传输带自动卸样，无须人工搬运。因此，为了便于实现该功能，保持展区良好的环境，宜在实验室延伸建设一个检毕样品自动卸样区。

6.2.3　智能化检测设备选型

针对混凝土抗压、混凝土抗渗、钢筋拉伸与重量偏差等三种主要检测项目，结合现状与需求，进行了广泛的市场调研。通过对产品技术参数、产品先进性、可靠性、制造商的生产水平和知名度、质保期、售后服务保障能力等多个方面进行比较分析，选择如下系统。

1. 智能混凝土抗压强度检测系统

1）概述

该系统由智能机器人、压力试验机、试件识别系统、进料系统、出料系统、试件待检箱、试件留样箱、电气控制系统、视频监控系统、软件及计算机等组成。系统采用油电气动力混合技术，试样的进料、抗压试验、结果判定、出料等试验过程全部由设备自动完成，实现无人化智能试验，排除人为干预，确保了试验数据的准确性和一致性，提高了工作效率，降低了实验人员的劳动强度，保证操作人员的安全性。

该系统执行如下标准：《试验机通用技术要求》（GB/T 2611—2022）、《电液伺服万能试验机》（GB/T 16826—2008）、《液压式万能试验机》（GB/T 3159—2008）、《混凝土物理力学性能试验方法标准》（GB/T 50081—2019）。

2）设备简介

（1）主机结构

①智能机器人（技术指标见表6.4）；②2000kN和3000kN压力试验机（技术指标见表6.5）；③试件识别装置；④进料装置；⑤出料装置；⑥试件待检箱；⑦试件留样箱。

（2）结构功能

① 机器人龙门架组件：龙门架为优质碳钢矩形方管焊接而成，方管上面安装有导轨和齿条，通过焊接固定块连接，龙门架前后设置安全限位开关和硬限位防撞块。

② 机器人 z 轴升降系统：机器人 z 轴升降系统主体为碳钢矩形方管，两侧装有导轨。正面安装齿条通过 z 轴伺服电机、减速机和齿轮带动 z 轴升降来满足夹取试块的定位，z 轴升降系统上下两端分别设有极限行程开关和防撞块，保护设备运行安全。

③ 试件待检箱：试件接样贴标后，通过人工码放在试件待检箱内，并用电动叉车送入

龙门架内的待检区。

④ 试件留样箱：试件经过压力试验机检测后，自动将试件废料送至输送平台。在判断结果出来后自动选择输送至合格留样箱或不合格留样箱。

⑤ 防护装置：系统设有自动防护装置，可防止试件在试验过程中所产生的碎片四处飞溅。

⑥ 清理装置：系统设有废渣清理装置，当试验结束后该装置将自动把试验机下压盘上的废渣清理干净，保证下个试件放置的平整度。

⑦ 机器人夹取装置：该装置设有自动检测系统，确保将试件准确无误地抓取并放置在指定位置。

⑧ 保护装置：系统设有多套自动保护装置，这些装置安装在设备各个关键部位，设备发生故障时，保护装置会自动启动，并将故障信息上传到控制系统内。

3）主要参考技术参数

（1）智能机器人（表6.4）

表6.4 智能机器人的技术指标

主要技术指标	指标参数	主要技术指标	指标参数
机器手抓取质量	30kg	有效行程 x 轴	4200mm
移动速度 x 轴	1m/s	有效行程 y 轴	2200mm
移动速度 y 轴	1m/s	有效行程 z 轴	1500mm
移动速度 z 轴	0.5～1m/s	电源功率	功率：4.0kW，电源：380V

（2）压力试验机（表6.5）

表6.5 压力试验机的技术指标

主要技术指标	指标参数	指标参数
最大负荷/kN	2000	3000
准确度等级	1级	1级
测量范围	4%F.S.～100%F.S.（全量程不分档）	4%F.S.～100%F.S.（全量程不分档）
分辨率	500 000 码	500 000 码
示值准确度/%	±1	±1
位移测量范围/mm	0～80	0～80
位移分辨力/mm	0.001	0.001
位移示值准确度/%	±0.5	±0.5
力加载速率调节范围	0.005%F.S./s～10%F.S./s	0.005%F.S./s～10%F.S./s
力速率控制精度	优于设定值±2%	优于设定值±2%
过载保护	110%过载保护（无变形、无机械损伤）	110%过载保护（无变形、无机械损伤）
活塞升降速度/(mm/min)	0～40	0～40
活塞行程/mm	80	80
上压板尺寸	ϕ300mm	300mm×300mm
下压板尺寸	320mm×320mm	390mm×400mm
压板间最大距离/mm	300	300
两立柱有效距离/mm	450	490

主要技术指标	指 标 参 数	指 标 参 数
试件尺寸	150mm×150mm×150mm 和 100mm×100mm×100mm	150mm×150mm×150mm 和 100mm×100mm×100mm
电源功率	三相 3.0kW,380V	三相 3.0kW,380V

4）产品特点

（1）可持续 24 小时工作,每天可完成约 300 组试件的试验量,大大提高工作效率。

（2）可完成试件识别、试件进料、抗压试验、结果判定、试件出料、试件清理的全过程智能化控制,确保试验数据的准确性和一致性,避免了人为干预造成的试验数据不确定性、效率低、劳动强度大、危险性高等不利因素。

（3）配置了 1～6 台全自动电液伺服压力试验机,可根据混凝土强度等级及试验力自动选择对应量程的压力试验机进行抗压试验。

（4）设有不合格试件专用留样箱。

（5）压力试验机采用高精度轮辐式负荷传感器,抗测向力能力强,测量精度高,长期稳定性好。

（6）压力试验机采用无泄漏技术进行产品制造:①油缸采用 QT600-3 高强球磨铸铁;②采用 $\phi14mm×2$ 不锈钢无缝钢管作为连接管路;③采用卡套式高压 G 级航空接头,紧固油管和液压部件;④采用内铝外胶棱台式组合垫圈,封闭各连接器件出端;⑤采用德国进口油浸式高压油泵,使油泵噪声降低至最低程度,使系统长期使用无漏油。

（7）压力试验机采用独特的压力随动技术,使油缸工作压力始终随着加载的大小而变化,从而减小设备工作时的噪声,也降低了油温,提高了液压控制精度。

（8）所有零部件的加工在公司内部 ISO9001 质量管理体系下受控管理。

2. 智能钢筋拉伸试验检测系统

1）概述

智能钢筋拉伸试验检测系统由 1000kN 液压万能试验机、全自动引伸计、称重测长装置、ABB 机器人、试样架、控制系统、软件等组成,试验机的夹具为液压平推对夹夹具。智能钢筋拉伸试验检测系统零部件如图 6.10 所示。

智能钢筋拉伸试验检测系统用于对批量的棒材试样进行拉力试验,适用于热轧带肋钢筋拉力性能指标的自动测量,控制系统流程如图 6.11 所示。

2）设备功能介绍

智能钢筋拉伸试验检测系统实现试验过程的全自动化控制,试验的全过程包括上样、称重、测量、对中、试验、下样、试验数据处理、试验结果的显示和保存等。

（1）自动上、下料功能

ABB 机器人从试样架夹取试样,送到称重测长装置处,测量试样长度、重量,并自动输入系统计算机;测量完长度和重量后将试样送到主机的两对夹具之间,液压夹具自动夹紧试样;引伸计按计算的标距或按预先设定的规定标距自动跟踪整个拉力过程,直至断裂;ABB 机器人再取下断样,放入断后试样接收车。

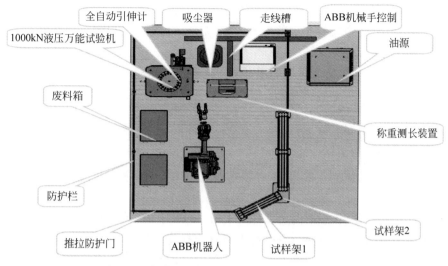

图 6.10　智能钢筋拉伸试验检测系统零部件示意

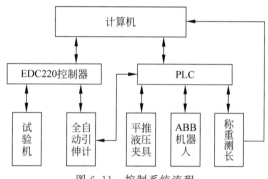

图 6.11　控制系统流程

（2）自动测量试样功能

称重测长装置由称重模块、长度测量装置、电气系统、计算机和软件等组成。

称重模块采用水平角度进行棒材的测重。这种结构使试验操作方便，易拿易放，减轻了劳动强度。

计算机与测控系统采集试验数据并发送控制指令，能自动控制试验过程和自动求出试验结果，并由计算机屏幕实时显示试验结果，由打印机打印试验报告。系统具有返车功能，试验结束后可自动或手动返回初始位置。

（3）自动装夹试样功能

ABB 机器人如图 6.12 所示，把试样送到液压平推夹具时，液压平推夹具自动夹紧试样，同时液压平推夹具保证试样夹持的轴向对中，两端对称定位，可靠夹紧不打滑。在试样加工符合技术标准、材质均匀条件下，试样断裂位置不产生系统性的偏向。夹具的位置、开口度、夹紧力自动控制、液压系统各部分密封良好，不漏

图 6.12　ABB 机器人

油。在试样夹紧过程中,试样与夹块上力的分布均匀。试验前自动调节,使夹持初始力较小,确保试样在测试前,由夹持产生的应力为零,充分满足金属材料测试标准要求。

（4）自动控制及数据处理

① 计算机系统对自动拉力试验机各组元进行整体运行控制,完成自动检测和数据处理,试验信息的接收与试验结果传送。

② 自动保护功能

试验机具有过载保护功能,当试验力大于试验机最大试验力 10% 时,试验机自动卸荷、报警,以保护试验机尤其是力传感器。

控制系统能自动检测到一般故障,并跟随保护。试样自动取送机构具有防撞击的自动保护功能:

a. 当试样所处位置、状态不满足取样要求时,取送机构自动停机、复位;

b. 当取送机构未夹取到断后试样,或者夹具未有效开合时,取送机构自动停机、复位。

引伸计自动保护功能:

引伸计位置错误(如未回复原位),应报警或停机,具有防止机械手撞击的功能。

③ 建立不同试验标准的试样尺寸允许偏差范围,当测量尺寸超出允许偏差范围时,自动报警。

④ 试样夹持后,自动平衡(对零点),卸除试样断片后,横梁自动回复到初始位置。

⑤ 具备三种拉力速率控制方式:应力速率、应变速率、位移速率。可根据试验方法要求设定拉力速率控制方式:

a. 弹性阶段控制应力速率,或在弹性阶段直至屈服阶段结束控制应力速率。

b. 弹性阶段控制应力速率,偏离弹性直线段直到屈服阶段结束控制应变速率。

c. 屈服阶段结束直至断裂,控制应变速率或者位移速率,也可从屈服阶段结束直到抗拉强度取点结束,选定一个应变速率或位移速率,从抗拉强度取点结束直至断裂选择另一个较低的应变速率或位移速率。

d. 拉力试验全过程均采用位移速率,但不同阶段(屈服强度取点前,抗拉强度取点前、取点后)设定不同速率值。

e. 不同的速率控制方式,不同值的速率值在拉力全过程中自动切换。

⑥ 试验系统的测定参数:Rel、Reh、Rpx、Rtx、Rm;比例试样断后伸长率 $A(L_0=5.65\sqrt{S_0})$,$A11.3(L_0=11.3\sqrt{S_0})$,定标距试样断后伸长率 $A50\text{mm}$、$A80\text{mm}$ 等;最大力总伸长率 Agt,最大力非比例伸长率 Ag,屈服点延伸 Ae 等。

⑦ 试验全过程中实时显示力值、试验速率、应变(或变形、位移)等参数。按照技术标准的定义对 Reh、Rel、Rpx、Rtx、Rm 等指标正确取值。

⑧ 能对拉力曲线进行分段放大和分析。对曲线前段和后段进行局部放大,核查性能指标的取值情况,并可激活十字,点对点查询核对。

⑨ 能选择引伸计的跟踪方式:跟踪到设定的延伸率或全程跟踪。

⑩ 测量系统满足《金属材料 拉伸试验—第 1 部分:室温下试验方法》(GB/T 228.1—2021)、《金属材料拉伸试验-1 部分:室温下试验方法》(ISO 6892-1:2019)等标准有效版本的要求。

⑪ 系统具备统计功能,对指定的钢号(钢种),按照指定的时间段对各项性能指标作分析统计,包括总批数、最大值、最小值、平均值、标准偏差、合格批数、合格率。

⑫ 打印报告功能：能按自行设计的格式打印试验报告(数值、曲线或数值和曲线)；能打印出拉力曲线取值情况一览表，即力值与位移(或应变)值一一对应的对照表。

⑬ 数据信息传送功能。

⑭ 设备具有输出接口及接口软件，与实验室上位机联网，实现数据信息的传递功能。仪器可以与上位机联通，接受上位机的数据和指令。

(5)合格与不合格的试样处理功能

主机前摆放有废料车，可对合格与不合格的试样进行分类处理、回收。

3)技术参数

智能钢筋拉伸试验检测系统的主要技术参数如表6.6所示。

表 6.6　智能钢筋拉伸试验检测系统技术参数

技 术 项 目		技 术 参 数
主机	最大试验力	1000kN
	过载保护	110%的最大试验力
	精度等级	0.5级(0.5%F.S.～100%F.S.)
	试验力示值误差	±0.5%以内
	试验力分辨力	最大变形量的1/±500 000 F.S.
	驱动方式	液压＋伺服阀
	活塞上升最大速度	190mm/min
	活塞下降最大速度	300mm/min
	拉力钳口最大间距	700mm
	圆试样夹持直径范围	$\phi12～\phi40$mm
	试样长度	500～700mm
	功率	9kW
	质量	5000kg
ABB 机器人	负载	60kg
	工作范围	2.05m
	重复定位精度	0.06mm
全自动引伸计	工作方式	接触式
	标距范围	15～205mm
	分辨力	0.2μm
	示值误差	变形为0～0.3mm 时，≤0.0015mm
		变形为0.3～80mm 时(不含0.3mm)，≤0.5%
	夹持直径范围	棒材$\phi2～\phi40$mm
	变形测量精度	0.5级
液压夹具	夹持方式	双面平推
	最大夹持力	1200kN
	夹片硬度	HRC60
	开口宽度	60mm
	定心(对中)精度	0.2mm
	圆试样夹持直径范围	$\phi12～\phi40$mm
试样架	试样容量	90 根
	试样长度	500～700mm

续表

	技 术 项 目	技 术 参 数
称重测长测量装置	称重范围	0.1～25kg
	示值相对误差	示值的±0.5％以内
	长度测量精度	±0.5mm
其他	工作效率	约 22 根/h
	系统占地面积	约 4200mm×4200mm
	安全保护	包括引伸计防压、安全报警、安全防护、过载保护及其他设备安全保护装置等

3. 全自动混凝土抗渗检测试验机

1）概述

全自动混凝土抗渗仪是新一代智能化混凝土抗渗性能检测设备。该设备试验时试件无须涂抹任何密封材料，设备自动密封、自动装脱模、自动检测漏水并记录漏水压力及时间、操作简单、性能稳定、试验可靠。

该产品主要适用于混凝土抗渗性能和抗渗等级的测定。同时也可利用它做建筑材料透气性的测定和质量检查，在工程质量检测、生产、施工、设计、教研等部门广泛使用。

该套系统执行标准如下：《普通混凝土长期性能和耐久性能试验方法标准》（GB/T 50082—2009）、《混凝土抗渗仪》（JG/T 249—2009）。

2）产品功能及特点

（1）工作效率：一次可做 4～6 组试验，且每组试验独立控制，互不影响。

（2）试件密封：无须涂抹任何密封材料，只需将试件放置在试模底座上，单击控制面板的开始图标，设备便会自动装夹试件，自动密封，自动进行检测，检测完毕后，试件则会自动从模腔中脱出。

（3）加压系统：计算机控制，一键操作，只需设定好参数，单击开始按钮后，设备便会按照预设的压力等级进行逐级加压，直至检测结束，无须人为干预。

（4）控制系统：计算机控制，自动检测漏水、自动判断、自动记录。

（5）检测系统：当试件有水渗出时，设备会自动检测漏水，自动关闭相应试件水压电磁阀，并且记录该试件渗水时的压力和时间。检测完成后设备会根据漏水情况自动计算抗渗等级，自动出具检测报告（含曲线图），全程无须人为干预。

（6）数据联网系统：可实现与各检测软件的对接与数据传输，做到对试验过程实时监测。

3）技术参数（表 6.7）

表 6.7　技术参数

试验最大压力	3.0MPa
试验压力分辨率	0.01MPa
试验压力示值相对误差	±1％
试验压力示值重复性相对误差	±1％

续表

整机结构形式	立式结构,可同时做 4～6 组试件,每组均可自动升降,整机结构简单合理
试件密封最大压力	4.0MPa
密封压力分辨率	0.01MPa
试验压力加压方式	自下而上加压
试件放置形式	小端面向上,大端面向下,完全符合《混凝土抗渗仪》(JG/T 249—2009)中 4.1.1 的要求
工作方式	全过程由计算机全自动控制,一键操作,无须任何密封材料、自动试验(自动密封、自动加压、自动恒压、自动脱模),且自动判断渗漏、记录渗漏时间及压力
试件密封方式	4 组可同时进行试件密封,且 24 个试件总密封时间不超过 5min
试模几何尺寸(亦称主模)	模腔上口直径:$\phi175\pm5$ mm;模腔下口直径:$\phi185\pm5$mm;高度:150 ± 5 mm
试件桶材料	高强度板材一次压铸成型
试件密封材料	特殊耐磨、耐高压进口材质
电源	380V/50Hz
功率	700W

6.3　信息智慧化管理系统建设方案

实验室为了减轻管理上的压力,提高工作效率,使实验室管理人员和技术操作人员从烦琐的日常工作中解脱出来,把实验室的管理水平提升到信息时代的最高水平,建设以客户关系管理系统、客户服务系统、检测业务系统、资源管理系统、实验室评审系统、统计查询与大数据六大功能为核心的实验室信息管理系统(laboratory information management system, LIMS)。

6.3.1　LIMS 建设概述

实验室信息管理系统是将以数据库为核心的信息化技术与实验室管理需求相结合的信息化管理工具。它是利用计算机网络技术、数据存储技术、快速数据处理技术等,对实验室进行全方位管理的计算机软件和硬件系统。实验室管理的对象是与实验室有关的人、事、物、信息、经费等,因此实验室管理主要包括:实验室人力资源管理、质量管理、仪器设备与试剂管理、环境管理、安全管理、信息管理以及实验室设置模式与管理体制、管理机构与职能、建设与规划等。

1. 系统选型

LIMS 架构融入了标准的 Web 方式,由一个可升级的和可扩展的 Web 浏览器客户端应用和一个数据服务器组成。客户与服务器之间的通信通过基于超文本转换协议(HTTP)标准 Web 服务实现。同时,安全的 HTTP(HTTPS)可以被应用于更安全的环境。

LIMS 的应用服务器通过动态地创建执行线程来并行处理业务逻辑需求,这种对硬件资源的有效利用使 LIMS 的扩展性大大增强。

可扩展的分布式服务器组由一个负载平衡服务器实时监控,该负载平衡服务器持续分析当前的服务器负载并给出最佳服务器处理的路径。

LIMS 客户端是标准的 Web 浏览器,LIMS 基于 Web 架构可以给实验室应用带来诸多好处:

(1) 友好的图形用户界面,提供丰富的用户体验;

(2) 基于互联网标准,方便用户学习与掌握;

(3) 零客户端软件安装;

(4) 可轻松地配置硬件资源并平衡系统负载;

(5) 设计模式和运行模式统一在一个平台;

(6) 实现全面的集团级或国家级系统集成;

(7) 用户界面与商业逻辑全面分离;

(8) 可预计系统响应时间,提高系统响应速度;

(9) 提供增强和修改系统功能的简便工具。

2. 建设目标

实验室信息管理系统是信息系统建设的重要组成部分,通过将 LIMS 应用于实验室,将为实验室实现信息化管理打下坚实的基础,让实验室成为综合竞争力较强、影响力较大的现代化企业,同时为实验室检测提供及时、准确的质量信息,强化质量管理的总体目标。LIMS 应用于实验室,实现并超过客户所要求的内容,项目具体的目标如下:

(1) 搭建一个稳定、易于使用的数据库系统和管理系统,通过质量数据的收集,产品质量的检测与监控,分析计划的排定及数据的分析和共享,为实验室提供必要的质量信息保障。

(2) 符合《实验室资质认定评审准则》、ISO/IEC 17025—2017、GB 19489—2008、CNAS-CL05、CNAS-CL09、CNAS-CL22、CNAS-GL04、CNAS-GL05、CNAS-GL06、CNAS-GL12、CNAS-GL13[①] 等标准、法规和准则的要求以及指令性文件的规定,并具有符合以上标准和规范的质量管理要素模块。当上述标准和规范更新时,可在系统中进行相应的操作和设置以适应这种变化。

(3) 系统采用面向服务的体系架构,采用目前流行的 Java 程序语言编写而成,可通过平台本身的接口与其他信息管理软件无缝集成。系统可在 Windows 操作系统下运行;易于维护管理和数据备份,平台体系架构为 B/S 架构,支持兼容 SQL Server、Oracle 等不同数据库平台。

(4) 系统可以提供检测信息分步录入、检测数据分级多维查询汇总、统计图报表自动生成、检测记录记载可准确溯源。自动计算检验完成日期(在系统中设置节假日及加班,计算完成日期时考虑节假日和加班)。

(5) 系统能够自动生成原始记录单,原始记录中可以显示仪器设备等信息,能够进行相应的查询浏览。

---

① ISO/IEC 17025—2017 General requirements for the competence of testing and calibration laboratories(《检定实验室工作能力通用要求》);GB 19489—2008《实验室 生物安全通用要求》;CNAS-CL05《实验室生物安全认可准则》;CNAS-CL09《科研实验室认可准则》;CNAS-CL22《实验室能力认可准则在动物检疫领域的应用说明》;CNAS-GL04《标准物质/标准样品的使用指南》;CNAS-GL05《实验室内部研制质量控制样品的指南》;CNAS-GL06《化学分析中不确定度的评估指南》;CNAS-GL12《实验室和检查机构内部审核指南》;CNAS-GL13《实验室和检查机构管理评审指南》。

（6）系统具有仪器数据自动采集功能，通过仪器采集实现原始数据的溯源和自动化。

（7）系统具有电子签名功能，对数据项的修改、删除等操作的跟踪机制，可以启用追踪器自动记录系统中数据内容的变化，能够查询到精细到字段的数据变更。

（8）系统可在受理与检测过程中增删检验项目、配置样品信息字段以满足不同检验业务流程的设置和检验工作。系统支持生成中、英文报告及中英文混排报告。

（9）系统可以通过报表定制工具向客户提供所需要的各种报表模板，如分析报告书、条形码标签、原始记录、样品标签、各种统计报表/图表等。报告生成后使用 PDF 保存，不可修改，报告的变更在系统中使用版本进行控制和严格跟踪。系统中的检测报告不可人工编辑修改。系统提供丰富的查询功能，能实现全部字段的任意组合查询、条件汇总及图表导出等，满足各种不同的日常查询工作。

（10）系统中的相关工作有提醒功能，可追踪历史记录，如超期报告（未检验、检验后未出报告）等，各种提醒信息可以以不同背景颜色突出显示。

（11）可实现对检测工作人员的工作质量和过失进行量化统计，形成绩效考核报表。

（12）系统实现按照角色进行授权，不同角色有不同的界面，用户可自行对界面进行定义（包括系统的总界面和每个模块界面中的数据列表）。系统支持根据角色或人员的不同设置不同的密码机制，系统可以设置在固定的时间间隔内，如果没有输入和任何其他行为，则自动注销账户，防止由于用户未及时退出系统，被别人冒用更改系统数据。系统实时保存数据，注销账号不会造成数据丢失。系统还可设置用户密码的有效期，提醒用户定时更改密码，防止密码泄漏。

（13）建立集成、通畅的信息流，实现与质量相关部门及全公司的信息交流与共享。实现 LIMS 与财务系统、ERP、OA 系统等第三方信息系统的集成，实现信息的交互。

3. 标准规范

本方案中所设计的功能将遵从《检测和校准实验室能力的通用要求》(ISO/IEC 17025：2017)以及 LIMS 相关标准要求，提供所需要的现代化管理工具。符合《实验室资质认定评审准则》、GB 19489-2008、FDA 21CFR PART ll 等标准、法规和准则的要求以及指令性文件的规定。

4. 建设原则

LIMS 项目的建设原则如下：

1）标准性

系统在管理实验室的人员、文件、数据、样品、仪器设备等各要素时应符合 ISO/IEC 17025：2017 准则和 GLP 规范的要求。在建设中应广泛遵循国际、国家和行业标准，以便与其他系统的互联和通信。

2）开放性和兼容性

系统有很好的开放性，支持各种相应的软硬件接口，在结构上实现开放，同时易于向今后的先进技术实现迁移，充分保护用户的现有投资，其兼容性综合反映在可移植、互操作和集成方面。可以方便地与其他厂家的应用系统进行数据交换。

3）实用性和扩展性

系统不仅能实现信息资源的管理，还要为今后的扩展与二次开发预留基础以适应未来应用的发展需要,其既要有实用性,又要有扩展性。

4）先进性与成熟性

系统立足先进技术,采用先进的仪器连接、计算机和网络技术,使项目具备国内先进水平,采用技术成熟、稳定的设备产品及设计方案以保证整个系统的正常运行,系统应为国际或国内成熟的商业软件的最新版本。

5）可靠性和安全性

系统采用身份验证、访问控制、电子签名、多层次的安全技术手段加以保证,对相关的主机系统、应用数据库提供严密的保护。系统的结构采取分区和层次化,使用软硬件防火墙技术加以隔离,所有访问均在各层应用系统和程序的严格控制下进行,防止系统的一些重要数据被不合法用户所获取、篡改或破坏。

6）易用性和灵活性

系统须采用 B/S 结构,客户端使用浏览器方式实现,不需要安装其他软件,可以自动更新。操作界面简洁友好,易于操作。系统具备灵活的用户自定义功能,可定制基础数据库、业务流程、报告模板、提示报警信息等。当工作人员变更、机构改革、业务扩展和业务流程发生变动时,无须修改代码即可满足新的需求。系统维护方便,备份及数据恢复要快速简单。系统具有二次开发的功能,从而使系统具有灵活的客户化定制特性。

7）注重行业特点

注重建筑类行业应用 LIMS 的特点,借鉴国内外同行业的应用经验,在本方案设计中,我们注重将实验室的共性和个性化需求与其他同行业 LIMS 应用相结合,并将第三方综合性检测特色融入 LIMS 的经验拿来即用,使实验室少走弯路,避免技术和实施风险。

6.3.2 实验室信息管理系统（LIMS）的设计方案

1. 系统结构设计

为满足 LIMS 项目的建设需要,采用基于 B/S 架构的软件产品,该软件是典型的多层架构,能够持续随着微软的进步而持续更新,不影响历史数据的查询和应用,如图 6.13 所示。

2. 检测业务管理平台建设

按照《实验室资质认定评审准则》、ISO/IEC 17025、FDA 21CFR PART11 等的要求完成样品检验的整个流程。检测业务管理平台的功能包括:业务受理、样品管理、任务分配、检验过程与检测数据记录、检验结果复核、报告的自动生成与编制、报告审核、授权签字人报告签发以及检验报告的打印、发放和归档等。具体包括以下任务。

1）业务受理

业务受理用于将受理的客户信息、样品信息、测试及方法标准信息录入到系统中。新用户注册界面及委托登记界面如图 6.14 与图 6.15 所示。业务受理部门可通过访问 LIMS 实现业务受理和样品登记,在系统中可以实现批量导入等多种类型的业务受理和登记模式。针对已授权的客户,系统提供互联网远程在线预约方式,客户可使用架设在外网的客户服务系统或移动微信平台完成委托登记、样品登记并完成在线预约。

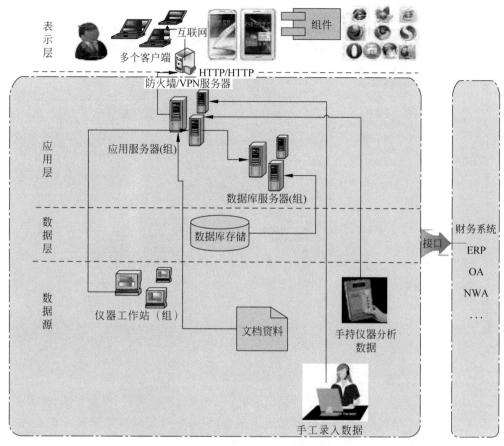

图 6.13　LIMS 架构

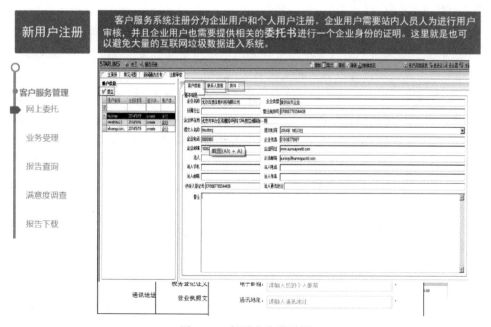

图 6.14　新用户注册界面

图 6.15　委托登记界面

系统在样品登记环节需要实现的功能主要包括：

（1）用户可在系统静态数据管理中提前设置产品标准、检验项目、检验方法、样品数量、样品要求等信息，并按照产品分类打包整理为模板，供业务受理时方便选择。在业务受理时，受理人员或授权客户选择相应的模板后，系统将自动生成产品标准、检验项目、检验方法、样品数量、样品要求等信息，另外也可根据客户要求进一步调整这些信息，以加快受理的速度，减少差错率；

（2）受理时，根据不同的业务类型可在系统中分别填写《委托检验协议书》《采样单》、《接样单》或《委托检验合同》，这些单据可在系统中填写完成后支持直接打印，如果客户现场送样的打印后可现场进行客户签字确认；

（3）考虑到实验室业务的扩展和变化，系统将提供针对不同业务类型的不同的受理模板，这些模板在系统中可以进行配置；

（4）填写委托信息、样品信息、检测项目及方法标准信息时，系统提供快速搜索的功能，系统可将过滤后的信息通过下拉菜单形式显示供用户选择，以减少接样员的重复工作；

（5）系统提供数据完整性验证：在提交样品委托时，系统对于必须要录入的数据，进行提醒，并对数据的有效性在系统中进行校验，避免遗漏或输入错误；

（6）系统自动生成受理单的编号，编号唯一（编号规则将按照实验室内部的规则），不需要手工填写；系统针对不同地区可以根据业务类型、不同的部门有不同的编号方式做区分，也可以由实验室的用户进行自定义；

（7）对于首次受理的客户，信息一旦录入系统，系统自动将客户信息保存至客户信息库中，如果下次该客户再有样品时，用户可通过系统将客户名称或客户编号重复调用，且调用时支持拼音缩写快速检索；

（8）系统中可设置检验项目的详细信息（如检测周期、分析项目、报告结果、单位、修约、检出限等）；

（9）在系统中可进行节假日的设置（详见"节假日管理"中的描述）；

（10）在受理时根据选择的检验项目或检验模板，系统可自动计算检验完成日期（可扣除节假日），同时可根据客户要求手工进一步调整检验完成日期；

（11）系统提供检验标准库管理（详见"标准库管理"部分），用户可在标准库中维护用于判定的检测标准，如需对样品检验结果进行评价，在受理时选择相应的标准库，系统自动将标准值代入到受理的测试中；对于系统中没有维护的标准，可在受理时直接录入限值指标并保存为限值模板供下次使用；可在系统中随时查看标准；

（12）为加快受理速度，对于多次送检类似的样品和测试的，在系统中可进行复制后修改不同部分的信息即可；

（13）受理人员在系统中可随时查看客户历史委托记录，并进行统计；

（14）任务信息登记完毕后，系统可直接生成样品的标签二维码，并在系统中打印出来贴在样品的相应位置；如果样品标签因为各种原因损坏或丢失，可在系统中重新打印标签；

（15）用户可调整系统自动生成的留样数量（区别于检测留样）；

（16）在业务受理时，系统根据送检单位、样品编号、样品名称、品牌型号等判断是否重复送样，如果重复送样可在系统中查看历史的送样信息及检测结果，从而达到实验室既监督又委托的管理模式；

（17）对于授权的客户，也可以通过客户服务系统查询检验进度。

2）合同评审

业务受理完成后，如果样品检测涉及新方法或业务受理人员对样品检测相关信息不确定时，由业务受理人员发起合同评审流程，由技术负责人对样品进行合同评审，主要评审样品检测方法是否满足当前客户要求，检测过程中所使用的试剂耗材实验室库存是否完备等，如有特殊检测方法时，需评审实验室检验人员是否有该方法的上岗资质。

合同评审完成后样品信息回退至业务受理室。由业务受理室安排检测任务至各科室。实验室内部完成合同评审后，会发送至客户，由客户确认合同是否生效。

3）样品管理

在系统中对样品的整个生命周期进行管理，包括样品的接收、样品领用、样品归还、样品留样及样品处置等样品传递过程，系统详细记录样品的传递记录，并可记录样品目前保管人、存储位置等。样品管理界面如图 6.16 所示。

系统中每个样品有唯一的编码，在受理时生成样品卡（样品标签）；支持样品接收、入库、检测检验、废弃、回退等条码化管理；可以根据样品标签进行样品流转状态的查询。

对于留样的在留样有效期到期后，在系统中提醒相应人员进行样品销毁。样品销毁过程包括销毁提醒、销毁审批、销毁记录。

受理人员、市场人员可在系统中实时追踪样品检验任务的进展情况、检验状态（未检、检验中、检毕、报告发出等），对检验即将到规定日期和检验超期的样品进行不同颜色的醒目警示，查询统计各个环节需要的信息，可以使相关管理人员动态了解工作的完成情况、完成人、完成结果、收费情况等。

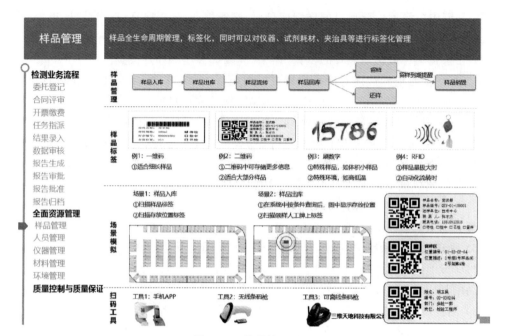

图 6.16   样品管理界面

4）任务分配

实验室样品管理员通过二维码扫描仪接收样品，根据样品的实际检验信息，由检验人员自由选择任务分派方式：按产品分派、按项目分派。

检验部门的任务分配人员可根据需要在系统中调整当前样品统一分派给主检或把各检验项目分派给具体检验人员，系统需允许设置该部门检验任务分配的代理权限。

任务分配根据产品、检验部门的不同在系统中可通过多种方式实现快速准确的任务分配，任务分配过程中要考虑人员的检测能力、人员负荷情况等因素。

5）个人任务接收

LIMS 支持检测人员查看分配给自己的任务，可以查看样品的检验信息，如检测依据、检验时限、特殊要求等。

检验人员确认接收任务后，样品状态将转为待检状态，并将显示样品存放位置。当发现方法、样品不满足检测要求时，检验人员可将任务回退至科室主任处。当检测员在中途检测过程中，发现使用方法已不合适、样品溅跳、顺序颠倒等而导致样品无结果的，可由检测员直接将任务退还至任务分配人员处。

6）检验过程与检测数据记录

任务分配后，检测人员可在"我的检测任务"的提醒下看到分配给自己的尚未完成检测的检测任务。

检测人员可在系统中查看检验样品的检验信息，包括检验依据、检验时限、特殊需求等；部分检测参数可由系统自动判断委托单约定参数与实际检测参数是否吻合；不同的领域可采用不同的结果录入方式，LIMS 提供按样品和按分析项目、原始记录单、仪器等多种结果输入界面，数据的输入方式包括人工输入、仪器分析数据的自动采集（参见下节"数据采集方案"）。

系统支持在完成样品接受、建批等工作后,在开展样品测试前,对样品的编码转换,必要时添加平行样品、质控样品、标准曲线、空白样品、质控样品、加标样测试等质量控制手段,并支持对同一批次的或单一样品的质量控制手段,满足业务规定的相关计算如空白样的扣除等。

在 LIMS 中,当原始分析记录输入后,根据测试管理模块中预先定义的计算公式和修约规则,系统将自动计算出分析结果,自动对结果进行修约。对于重复性检测分析,系统可以自动计算出重复性。数据输入格式可以是数值,也可以是文本等。可以将图谱、文档等作为附件与原始数据一同保留在系统中,以便审核追溯所有相关历史记录。系统可根据预先设定的指标对超标结果数据自动判级,并以不同颜色加以区分与突出显示。支持多级规格指标和限值检查。

LIMS 也支持检验者在结果录入时将新建的 Word、PDF 或其他具排版格式的原始记录文件作为附件供审核者对此文件进行审核。

原始记录可采用逐条记录检验现象、数据生成原始记录表,或由受控的检测原始记录表导入,并能打印原始记录表;检验结果可自动判定。支持原始记录批量处理。

提交结果时,检验员可以进行电子签名,并在后台自动生成录入时间,且不能修改。

7) 检验结果复核

当样品的全部检验项目完成后,通过 LIMS 的组态定制,样品将自动进入到实验室主任或小组长的待指定复核者任务栏中供主任或小组长复核。

复核过程中如果结果异常,可要求重新测试,重新输入结果。如果未通过复核,可以写明退回意见。对于修改过程在系统中进行记录并可追溯到。

确认无误的检验结果,复核通过。进行电子签名后提交报告编制人。同时提交合同偏离记录,自动记录复核时间。同时检验结果也可输出指定格式文件。

8) 报告自动生成与编制

当样品结果全部审核完成后,也即在 LIMS 中完成结果的自动发布,同时系统将根据检验结果、样品信息、样品测试过程信息和检验报告模板自动生成检验报告,系统提供多种报告模板供选择,可根据业务类型不同(如检测报告、监督检验报告、委托检验报告等),客户不同(如为特殊客户单独提供报告模板),可选择受理单中的不同样品、不同测试生成报告,还可将合格的样品和不合格的样品分开出报告。还可提供英文报告、中英文混排报告等报告模板。

报告模板可使用水晶报表生成,水晶报表设计器可编辑报告模板。

报告根据签名的时间等,自动将签名信息生成到报告中。

报告可以按照用户要求转换成 PDF 或 Word 形式。除自动生成报告外,系统还支持手工编制报告。

在编制报告过程中和每一级的审核过程中,均可查看检验员的实际操作记录和数据分析过程。

如果报告编制人员发现数据有问题可将相应的测试项目退回到检测人员,并填写理由和电子签名。

支持样品信息录入后、检验进行前录入标准值及判定值。对于不合格报告以红色标识提示。

对于需要出具结论的报告,可以通过维护的报告结论模板进行选择。

根据委托方要求或所有项目是否通过认证/认可，系统可在报告中自动加盖 CMA 章、CNAS 章、检验专用章。

9）报告审核

相应权限的人在系统中能看到需要审核的报告。

除看到报告外，报告审核人可以看到整个委托单的信息、样品信息、测试信息、标准信息、检测原始记录等。

报告审核人只能查看报告，不能修改。如果发现报告格式有问题可退回到报告生成的环节，如果发现数据有问题可退回到相应的测试人员；所有退回均要在系统中输入电子签名和填写原因。

可在系统中看到追溯的功能，可查看每一个阶段的提交情况和退回情况，可查看数据修改的记录。

审核通过后系统自动将审核人的电子签名和审核时间加入到报告中。

10）授权签字人报告签发

只有授权签字人才能进行报告的签发，报告签发过程与报告审核过程类似。

11）检验报告的打印、发放和归档

根据需要，打印出需要的归档报告，支持打印报告时加盖电子签章。将报告发放给客户时，显示缴费情况；如客户费用未缴清，可自动提醒。发放报告后，在系统中记录通知时间、发放时间、发放人、领取人、有效凭证等信息；如邮寄，需记录邮寄信息。可在系统中打印快递单。档案到期时系统自动提醒到归档管理人员，对到期的报告进行处理。

3. 移动平台 APP 端建设

可以通过移动端 APP 系统进行移动办公，用户可以通过 APP 端系统进行实验室数据录入、移动审批工作、数据查询、报告查看、消息推送、数据统计等。

1）原始记录录入

目前移动解决方案可以使用移动 APP 应用编辑样品，一键计算、扫码录入等功能，解决了实验室中台式计算机不便携、操作不方便，纸质与计算机数据重复录入的问题。

本模块主要用来基于移动端对实验室任务的管理，包含任务数据的上传、下载，任务分配、批量传输、数据汇总等功能。

任务下载：通过连接中间服务器获取实验室信息管理系统中的任务数据，经过数据的加密、压缩后传输至移动端，既能保障数据传输安全，又能节约服务器资源。

数据录入：通过平板电脑录入检测数据，选择用到的仪器，包括仪器开始时间及结束时间等信息，均可通过平板电脑实时录入，并传回到 LIMS 中。

任务上传：任务上传可根据用户选择的任务、样品、测试项目等数据进行数据上传，数据上传时能够有效、及时地进行传输，实时上传现场视频和图片，保障了数据的时效性。

2）移动报告审核

移动端 APP 可应用于便携式移动终端（手机或平板电脑）进行报告审批工作，在审批人员出差途中可直接通过手机或者平板电脑进行报告的移动审批，系统记录相关审批人，在系统中自动加载相关电子签章，并记录相关审批操作。

3）消息推送

可通过移动端管理平台，将 LIMS 的报表或其他用户自定义的信息推送给移动端 APP。支持多种展现提示方式，如文字、表情、图片、语音、视频、通知消息、自定义消息等。

移动端可以实现待办业务的实时推送功能，可以同步待审批业务、未结业务到移动端并进行自动任务提醒，可以通过移动设备实现到期提醒、检验及时性提醒、消息提醒等功能。

消息提醒可以将在 LIMS 消息管理中用户发送的消息，提醒到移动设备上，权限同在 LIMS 中是完全一致的。

4）业务查询

LIMS 的数据一旦通过审核，就可以实时在手机端进行查询，如可以查询检验报告单、合格证等，并可对查询出的样品数据直接溯源到检验记录信息和相关的图谱。具体举例如下。

（1）报告查询：可查询委托检验的检验报告，并可进行模糊查询或精确查询。

（2）委托信息查询：可查看客户所有委托的业务信息，包括委托的进度。

（3）客户信息查询：可查看委托客户的详细信息。

5）数据统计

可以用移动端 APP 快速统计进入 LIMS 的所有信息，并且 LIMS 的查询和统计可以有不同的数据展示方式，可以是柱形图、折线图、饼形图，还可以以仪表盘的形式展示数据。用户经常应用的查询统计有：

（1）承接任务统计：统计一段时间内承接的分析任务，按照车间、分析项目分类。

（2）工作量统计：按照时间样品类型、分析项目等信息对分析任务进行统计，能够灵活改变统计关键字，方便工作量统计。

4．客户服务系统建设

1）对外服务窗口平台功能

客户服务系统（customer service system，CSS）可以提供客户网上委托、样品检测进度查询、信息查询（包括委托信息、报告领取日期、检测参数范围和收费标准等）、远程打印检测报告及满意度调查等功能。

2）在线委托预约

客户通过客户服务平台可以提交委托检验任务，录入相关的样品信息、检验要求、联系信息，可以上传相关的电子文档，并可以查看到检测报价信息。

客户提交的委托申请，首先在客户服务平台中完成本部门内的审批过程。

批准后的委托申请，会自动在实验室信息管理系统中提醒实验室工作人员进行处理。

3）在线查看检测进度

客户通过客户服务平台，录入样品编号、受理号、样品名称，可以查看到已经受理样品的检验进度。系统会根据实际检验情况，列出样品所处的业务环节。监测界面如图 6.17 所示。

4）在线下载检测报告

客户通过客户服务平台，录入受理单或样品相关的信息后，可以浏览并下载原始记录、检验报告书以及历史检验信息，如图 6.18 所示。

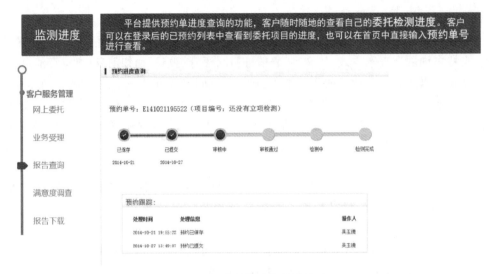

图 6.17　委托单进度监测界面

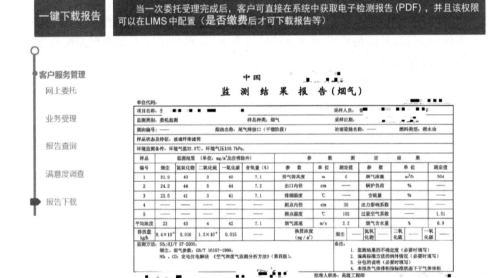

图 6.18　客户自助下载报告界面

5）在线填写满意度调查

客户可填写满意度情况，提交后，满意度信息自动写入 LIMS 中，供质量控制人员查看与统计，界面如图 6.19 所示。

6）在线查看送样指南

客户在送样前可通过 CSS 或微信公众号的方式查询各产品标准中的具体检测参数及送样的要求等信息。有助于提高客户委托送样效率，并提高单位的服务质量。

5. 实验室资源管理

资源管理主要实现 LIMS 中的人、机、料、法、环以及图书、文件、采购流程等相关资源的管理。

图 6.19　客户满意度调查界面

LIMS 本身提供一套全方位立体化的资源管理以实现辅助实验室管理的目的，并且资源管理与检验流程和质量管理进行关联从而实现检测流程的资源可追溯的目的。

1）人员管理

系统中首先建立实验室全部人员的基本信息库，包括姓名、性别、出生日期、政治面貌、籍贯、毕业院校、最高学历、学位、专业、状态、联系电话、手机（可通过手机号码发送短信）、E-mail。如图 6.20 所示。

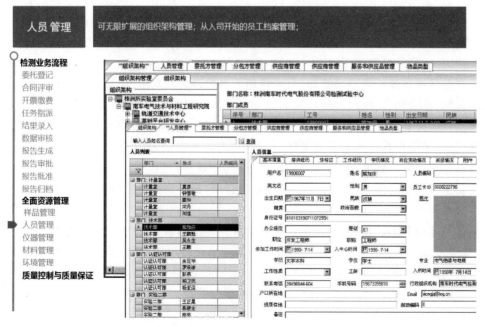

图 6.20　人员信息管理界面

系统中建立实验室人员的资质信息库,该库由指定部门管理。其中关于检验人员检验能力的信息(如检验领域和可操作仪器目录、检验方法)可以与相应的检验授权和仪器授权相关联,而且该信息可以供授权人员参阅。

人员管理的所有信息能够自由组合进行查询、统计,定制固定报表,包括工作质量和工作过失等量化考核功能,可按照部门、学历、职称、职务、专业人员类型等进行统计。

系统管理员有权限设定对人员基本信息管理的查询权限。

能够记录业务人员技术职称晋升相关的信息,包括晋升的上级职称等。

能够通过配置实现对特定的员工资质即将过期的警告提醒。以帮助实验室审核并维护员工的资质。如果员工的检验资质失效,可以提醒系统禁止该员工与该资质相应的检验操作。

系统可根据人员基本信息中的生日信息,在每个人生日前自动发送短信到相应人的手机,以实现人文关怀和加强内部人员的凝聚力。

2)仪器设备管理

(1)仪器设备类别管理

可以在系统中通过仪器设备类别将仪器设备分为多个种类,每个仪器设备种类记录:类别名称、代码等基本信息。

每一种仪器设备类别在系统中维护可能发生的仪器事件,如:检定、校准、期间核查、维护、保养等,以及每种事件的时间间隔(如:每个月、每三个月、每半年、每年、每两年、每三年等),系统中该类型的仪器设备在事件到期后自动提醒需要做的设备检定校准等,从而保证仪器设备按时完成相应的事件。

(2)仪器设备管理

可以在系统中建立仪器设备管理库管理仪器设备的基本信息(如仪器类型、型号、唯一标识、生产厂家及联系电话、技术指标、价值、资金来源、中标情况、购置时间、启用时间、仪器负责人、仪器状态、放置地点等)、检定状态(如修正因子、修正值、修正曲线等校正数值、检定日期、待检日期等)、期间核查记录、维护记录、维修记录(包括所用配件、费用、人员工时等),支持上传附件,管理界面如图6.21所示。

提供仪器设备的使用记录管理,包括使用人员的姓名及资质、使用时间、操作的内容(包括检品名称、检验项目、所在科室),其中部分内容与仪器设备自身信息链接。

提供仪器设备的使用文件,包括标准操作规程、使用说明书等以附件的方式上传到系统中,可以通过系统查看这些电子版文件。

各科室仪器设备管理库(一览表)、检定/校准计划、期间核查计划、维护计划等,在每个仪器设备事件到期之前一段事件,提前通知到相应的人员进行检定/校准、期间核查、维护等操作。科室负责人根据计划分配任务。

进行仪器设备的计量管理,包括:对需计量检定仪器设备的基本信息管理(信息包括:周期、检定单位、检定人);对计量检定仪器设备信息进行更新,可以通过查询或提醒等列出某一时间段内校准到期的仪器设备清单等;具有对将要到期和已超期检定仪器设备进行提醒及故障通知的功能;对需自检自校仪器设备进行管理,例如:量值传递图、自校规程、报告有效性管理等。对于外部校准的仪器设备,可在校准完成后校准证书到达时,将校准证书扫描上传到系统中,仪器设备操作人员可在系统中直接查看校准证书。

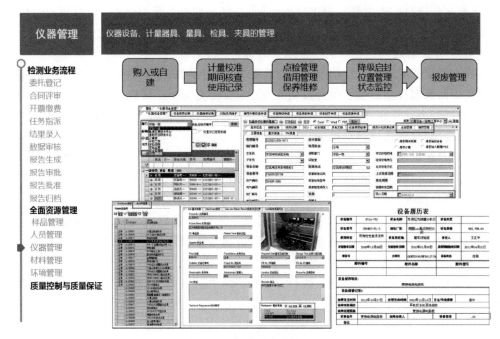

图 6.21　仪器设备管理界面

进行期间核查的管理，提醒功能、验收确认。

仪器设备的需求申请、启用申请、停用申请、维修申请、报废申请可以在系统中进行审批，维修后必要时触发检定。仪器设备的状态可用不同的颜色进行标识，以便通过仪器设备的标签直接就可以看出仪器设备的状态信息。

在系统中实现仪器设备的动态预约使用管理，包括使用人员、使用时间、优先级等，并按照与检验内容相关的优先级进行预约限制。

实现仪器设备数据自动、直接采集。

在系统中可以打印每一台仪器设备的档案卡，其中包含了仪器设备的基本信息、历次检定/校准记录、期间核查记录、维修记录、使用记录、保养记录、配件等设备整个生命周期的记录。

3）检验标准管理

LIMS 的检验标准管理模块，完全满足公司对实验室检验标准管理的要求，同时能链接检验标准对应的电子文档。系统具备的文件链接功能可以实现检验标准、SOP 等的管理。同时对文件名称、文件编号、文件分类、保密级别、存放地方、保存数量、保管人、失效日期、内容提要等管理。

系统可以分类对文件标准实施受控管理，按编号规则自动分类编号，统一动态管理，所有的受控文件集中管理，定期审核、更新。文件可以与日常管理、检测工作环节关联，方便用户查阅，系统限制下载或打印，若需打印则自动生成受控编号和登记记录。

技术标准与受控文件归类管理，设置文件定时查新、记录，方法确认、审批程序；与样品受理的各类产品中的参数关联，自动一一对应，识别出标准方法、非标准方法和非认可项目。

检测标准管理支持把最新的标准书籍电子档归类到检测类别维护模块增加的检测类别

中,对标准文件进行归类保存。根据权限不同,后台添加更新维护；所有前台用户下载标准进行使用,按受控文件进行管理。

4）检测方法管理

系统支持定义样品所对应的不同类别检验方法,并管理一个检验方法存在的多个版本。支持定义不同类型样品的检验项目及相应方法；支持为某个检测项目的某种检验方法设定标准检测时间,为计算预计完成时间提供数据基础；支持定义各个检验方法的检测范围、检出限、修约规则、可供选择计量单位。

检验项目中可选择对应的方法,选择了对应方法的项目可以在检验过程中查看相应方法的电子附件。检测方法可以区分有效的和过期的,过期的也支持查看。检测方法可以与检测项目、产品标准、材料标准、内控标准关联起来。

方法管理定义的内容包括：方法基本信息——方法名称、方法类型、类别等；版本信息——版本编号、开始日期、结束日期等。每个方法版本可链接对应的电子文件。

5）材料管理

所涉及的材料,包括化学试剂、试药、玻璃仪器、办公耗材等,检验员和管理者可以方便查询,获知库存情况、费用消耗等。

购买或领取供应品,可以在系统中提交需求申请,逐级审批,并将处理意见及时回复。

进行供应品的验收、入库管理。

进行供应品管理,包括名称、来源、规格、使用说明、保存条件、有效期限、库存量、领用人、所在科室、领用量等,并可以进行多维统计、分析。

实行剧毒危险品、易制毒化学药品等的特殊管理。

科室材料的管理,包括领取、使用、剩余库存的管理。

可以进行过期供应品报废审批、处理。

系统为每种类型的材料维护最低库存,当某种材料低于最低库存时,可在系统中报警,以便发起采购的流程。

6）环境管理

可以自动导入特定区域或实验室的环境数据,包括温度、湿度等即时数据,供原始记录合成。

特殊实验室的出入控制管理,包括人员权限、出入时间等,并可与该实验室的检验内容链接。

环境管理可与检验过程相关联。

6. 质量管理

1）质量监督管理

（1）建立质量监督员基本信息档案（在 LIMS 人员管理模块一并实现,只为质量监督员加一标注,同时注明其工作领域范围）；

（2）支持监督员对实验室活动质量管理和质量监督的电子化流程。

（3）监督计划：系统通过质量监督与控制年度计划模块,建立质量监督年度计划,经过系统流程审核和批准,完成监督年度计划流程。

（4）质量监督过程记录,通过质量监督记录模块,执行年度计划。质量监督过程记录流程(相关流程将根据实验室的实际需求进行设计和实现),流程描述:新建质量监督记录(指定被监督对象)→审核质量监督实施情况记录→被监督对象确认(一个计划对应多个监督对象)→验证和评价→不符合项(纠正或预防措施)跟踪验证等。

(5)为质量监督员分配质量监督任务和执行周期,支持电子化流程与到期自动提醒。

(6)质量监督员执行完质量监督后,记录质量监督执行情况的反馈,并可以将质量监督记录以附件形式上传。

(7)为每次质量监督执行情况(即质量监督员)进行评价,建立评价记录。

(8)统计分析功能:对监督对象、检验方法等质量监督活动进行统计分析。

系统界面如图 6.22 所示。

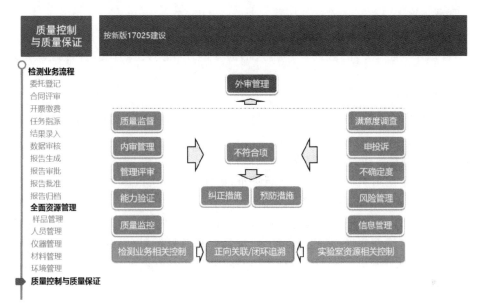

图 6.22　质量控制与质量保证界面

2)审核跟踪与数据追溯

如上所述,LIMS 软件本身遵从 ISO/IEC 17025 质量规范,样品检验流程与资源管理不是简单的一个个孤立的管理模块,而是完全关联,形成一个闭环的追溯系统,实现实验室测试数据与人员、仪器、分析方法、材料、试剂、化学品、放射源、环境等的全面质量控制和数据关联,一旦出现质量、安全事故,可以随时追溯到数据源头。

3)申投诉管理

可以在受理处系统通过网络的质量申投诉模块来实现客户的投诉管理,鼓励客户填写客户满意度调查表。当客户对检验结果产生怀疑或对相关服务进行投诉时,可在网上填写申投诉表,要求实验室对所做出的检验结果或服务给予解释。实验室质量控制办公室负责人在收到申投诉以后,判断申投诉需要启动程序,提出处理意见,质量控制办公室负责人批准是否受理,若接受申投诉,要重新追踪整个化验过程,并反馈给客户对化验结果的最终解释。当有申投诉产生时,系统具有提醒功能。

4)内审管理

采用我们在 LIMS 中定制的内审管理模块来实现,该模块实现对于质量体系内部审核工作的全面管理。

（1）建立内审员资料库（该功能在人员管理模块实现）；

（2）建立周期性地内审计划，并审核审批；

（3）内审通知发布；

（4）审核分组委派；

（5）不符合项及问题整改跟踪；

（6）生成内审报告报表；

（7）内审报告输入管理评审；

（8）审核结束后，建立审核记录和内审执行情况反馈记录。

5）管理评审

采用我们在 LIMS 中定制的管理评审模块来实现。

（1）管理评审通知发布，在系统中发送的通知能让相关人员查阅，并能跟踪是否已查阅过；

（2）管理评审记录；

（3）链接内审报告、质量控制图、检验情况、参加能力验证或实验室间比对等相关统计结果；

（4）增加管理评审表及报告报表。

最高管理者定期组织对质量体系进行评审，确保实验室质量体系的持续适宜性、充分性和有效性，不断改进和完善质量体系，确保实现实验室质量方针和目标，以满足客户的需求。

应用该功能实验室可通过对检验质量情况、质量方针和目标的实现情况、合同执行和客户满意情况等进行综合分析，对质量方针、质量目标和质量体系的总体效果做出评价，并对质量体系的现状做出描述。对于评审结果（管理评审会议记录、管理评审报告）由相关人员录入到 LIMS。

6）不合格项管理

在实验室接收的申投诉、内部审核，管理评审、质量监督、质量控制与日常检验等过程中，发现操作人员有不符合工作的情况时，可以在纠正/预防模块填写不符合工作记录，提交不符合工作的描述、不符合工作的来源。质量控制人员审核不符合工作的严重性评价。然后由质量管理人员填写纠正和纠正措施以及对不符合工作人员的处理方案。

7. 系统设置与管理

系统管理员应用该模块可以定义和维护 LIMS 正常运行过程中需要关联的所有静态数据和参数。如分析项目、测试参数、样品模板、检验业务类型等，并根据用户业务需求的变化，当定制的某一模块需要某些参数时，可以应用 LIMS 的开发工具 XFD 来增加静态表，操作简便、灵活。

1）基础表

用来维护系统所需要的基础信息，包括样品类型、采样点、计量单位、岗位类型、设备类型、测试任务类型（委托检验、内部送检）等。

2）组织架构管理

LIMS 的组织结构模块可为实验室提供其组织结构的管理，在此可以分级定义集团下属的机构、分公司、子公司、部门、检验组。可以详细指定某一用户对某类数据的操作权限。可以赋予一个用户归属多个部门、多个组,实现用户(组)的建、删、划分。这样就可以具有对多个部门、组数据的访问权限。通过这样的预先设置,当用户登录系统时,系统将自动将其可操作信息过滤到该客户所归属的部门、组权限下。

ISO/IEC 17025 明确规定需要保证实验结果不受外界影响,在使用检验系统后,对数据的共享控制就显得尤为重要。

3) 报表设置

通过报告设置功能模块,可以编辑系统中记录、报告、台账、委托单、缴费清单等报告格式。系统支持多种报表工具,如水晶报表、帆软报表。

4) 工作流、角色管理

LIMS 在角色管理模块中可以设置每一个角色或用户能够进入的各功能模块,并细化到使用模块中各功能都必须经过授权,如图 6.23 所示。通过角色授权后,每一用户在控制台能看到的只是自己角色范围内的功能模块。可以详细指定某一用户对某类数据的操作权限。可以将用户按组来管理,某个组只能操作相应组的数据。LIMS 可以通过角色的设置,简化 LIMS 操作权限的分配,如建立主任、样品接收人员、分析人员、设备管理人员等角色。

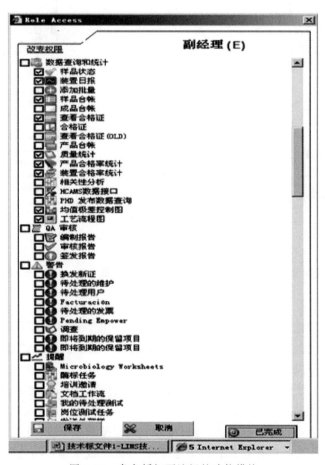

图 6.23　角色授权可访问的功能模块

系统支持采用直观的图形化方式定义用户的工作流程,利用鼠标拖放就可以轻松直观地描述各种业务管理的工作程序和完成工作流程的调整,当样品的任务下达、登记、机加工、接收样品、分配、检测、审核、发布等工作流程发生变化时,系统管理员(而不是程序开发人员)就可以根据实际工作需要自行改变。

8. 统计分析和查询

LIMS 提供多种类型的统计查询方式,包括组合查询、报表查询、SQL 查询等。

系统根据实验室的评价体系来定义各种统计分析报表、图表、趋势分析、检品收费报表,数据可来自多个数据表,也可能是通过一定计算后所得的结果。用户可单击报表中的数据进一步进行分类显示或查看更详细信息,并能够最终输出报表。系统功能展示界面如图 6.24 所示。

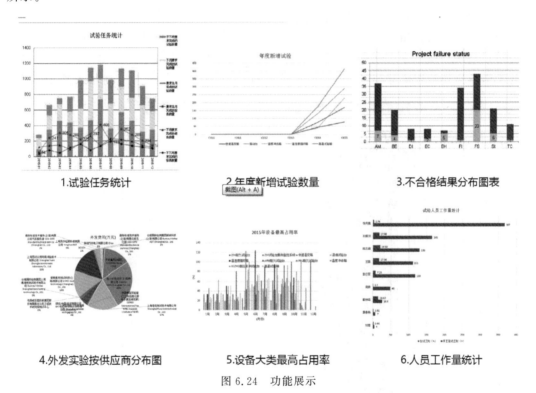

图 6.24　功能展示

系统实现委托单位在新平台上查询检测信息、提交检测资料、标注工程位置信息、远程打印检测报告等功能。系统的所有查询统计均在统计分析和查询中进行,并根据权限进行划分。具体的查询要求如下。

收样查询统计:可通过 SQL 查询自定义,查询条件可以设定为委托单位、工程项目、委托人等,统计收样情况。

有关试验检测查询:可通过查询功能,按照时间段或其他条件,查询各个检测任务目前状态;也可查询检测人员现有和完成的工作任务,并能形成工作量的报表。

工时统计:可按委托开单后,各项检测参数的工时自动计算,可根据签章信息自动分配个人应得工时数,可汇总统计到个人工时。

收费查询统计。针对某个试验编号收费开票情况、收款情况、报告发送情况、报告发送方式等进行查询,查询条件可以自定义:①可通过检测项目名称自动生成某个月的产值,并可以汇总成年度产值;②可通过项目为条件导出某个时期的报告明细,以便于发送报告时客户签字;③可按照时间段查询已签领报告编号及相应的委托编号、单位名称、项目名称、委托金额,并以客户及项目形成汇总表。

9. 数据采集与监控服务平台

1) 数据采集与监控服务功能

数据采集与监控服务平台提供检验检测业务,与外部仪器、设备、现场检测仪器等集成互联功能,并实现大型检测设备仪器的在线监控和视频在线监控功能。

2) 功能实现方式

实验室仪器数据的自动采集是实验室自动化的关键内容,也是实施 LIMS 的关键环节。LIMS 已与不同厂商的数百种仪器建立了接口连接。内置的数据采集模块(DCU)向导可以引导用户如何打开文件,从文件中解析相关数据,将其采集到 LIMS 的数据库中。

针对实验室的所有仪器,若要实现仪器数据的自动采集,我们提供如下三种数据采集方案。

(1) 对于购买了工作站软件的仪器,用户可以将结果或仪器工作站的测试报告输入或直接打印成 PDF 格式的文件,系统自动将文件直接保存到特定目录,通过数据采集程序可以自动采集 PDF 报告,并对 PDF 文件进行智能处理和分析,读取报告中的样品编号等信息,自动将检验结果保存到 LIMS 中,并与被检样品进行关联。LIMS 还可以将带有谱图的 PDF 文件作为附件保存到 LIMS 中。

(2) 对于没有工作站但有 RS232 串口输出的仪器,我们将通过安装 LIMS 的 PC 机直接连接仪器的 RS232 接口,通过 LIMS 中预置的 RS232U 将数据采集到 LIMS 中。

(3) 对于提供了标准接口协议的仪器可直接通过标准接口进行仪器直连,把结构化的数据采集到系统中,如易启康改造过的设备并且由易启康公司提供相关的标准采集接口协议,即可通过解读接口协议进行仪器直连。

10. 系统集成管理

可通过多种方式与其他应用系统集成,提供与其他系统集成的功能。将根据实验室实际的业务需要,搭建通用性的接口实现与实验室现有软件系统的集成,实现系统间的数据共享。

6.4　实验室安全要素可视化云平台建设方案

6.4.1　建设背景

高校实验室是学生培养、科研的重要依托,随着近年来高校办学规模和招生数量的不断扩大,高校实验室资源日益开放,进入实验室的人员数量和流动性增强,实验室的安全问题越来越突出,提高实验室安全是每个高校实验室管理工作的重要内容。

在科研实验室快速建设的同时,实验室安全管理难以形成稳固的体系,对各类潜在危险的警告系统尚不完善,只能依赖于管理人员的责任心。随着大量开放式实验教学的开展,对于人员智能监控的要求越来越高,如实验室人员具备准入资质,准入后是否有预警提醒,实验室试剂采购、存量、使用、处置是否合规,实验过程中如易燃易爆气体发生泄漏,如何在第一时间将事故避免,从而保证实验人员及校园财产的安全。

6.4.2　建设目标

本方案的目标是建立一个基于物联网基础下的实验室安全要素可视化云平台,实现实验室安全的智能化、安全化、可视化管理。此管理平台以实验室房间为单位,将实验室准入、实验室化学品管理、环境管理、视频管理进行集成管理。在系统中,以地图模块为核心监控,将考试系统、门禁系统、试剂管理系统、环境监控系统、通风系统、视频监控系统进行资源互联互通,多系统整合和联动,实现实验室安全管理的有效采集、分析、显示与应急管理,旨在提高快速反应、指挥决策等方面的综合能力,将危险降至最低,减少实验过程中发生事故的风险,确保科研人员的健康和安全,从而满足科研人员对安全的需求。

1. 建设原则

本项目依托物联网,运用移动互联网技术、物联网技术、云存储数据分析等先进技术,以先进的管理理念为指导,开发实验室安全要素可视化云平台,对实验室信息和安全进行全面监控和管理。依照"总体规划、分步实施、软硬结合、灵活搭配"的原则,紧密结合各项综合管理子系统。最大程度满足实验室使用者和管理者的需求,实现实验室相关工作的全过程管理。为师生的自主创新实践实验提供高效而便捷的通道,实时监控实验室运行状态和结果信息,把管理工作从粗放式向精细化、安全化、智能化管理转变,从而达到减少人力、物力、财力等资源的投入及提高管理水平的目的,把实验室的"人员""机器""环境"三个环节作为抓手,通过"全面感知、可靠传递、智能处理",打造一个有可视化、安全化、智能化的科研环境,满足高校的现代化管理需求。

2. 方案概述

图 6.25 为整体方案的系统拓扑图。

通过以上架构,可以构建出针对实验室各业务属性之间的互通互联又相对独立闭环的安全体系。

对于实验室,房间由电子门牌作为边缘计算终端,维持房间内所有设备、人员、试剂耗材的闭环管理,所有的信息交互,也都统一汇集到电子门牌整理后,再与上级服务器交互。这样就可以轻松实现以实验室为边缘单位的业务闭环,学校领导可以实时监控全校所有实验室和房间的运行状况,其中实验室安全要素综合管理云平台可以为具体的实验室智能管控业务提供统一支撑,并为未来的业务扩展和新建提供有效支撑。具备业务流程自动化管理功能、用户权限和访问控制管理功能、数据管理与分析功能、门户功能等。安全培训与考试是实验室安全要素可视化云平台安全的第一道防线,通过考试的形式来管理人员的权限。气体安全与环境监控通过有线和无线相配合的方式,并开放相关软硬件对接接口,完成对实验室内的监控、门禁、水电、温湿度传感器、烟雾传感器、气体传感器、风机等设备的智能组

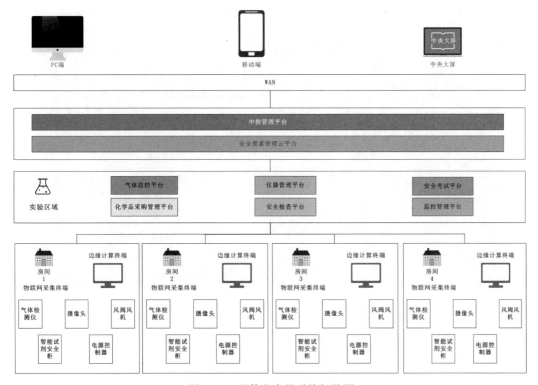

图 6.25　整体方案的系统拓扑图

网,实现实时动态监测。并能够提供多级预警、数据统计分析等功能。危险化学品安全管理能够对实验区危险化学品进行 24 小时实时在线管理,并具备人员管理、存取管理、数据分析等功能。实验室安全检查管理能够将传统线下的纸质化巡检过程在线上完成并且能够做到实时巡检、实时查看、统计分析等功能。同时云平台能够将所有物联网智能硬件管理起来,能够通过平台查看终端的实时安全状况,发生危险时,能够有效预警,避免事故发生;并能够远程对终端进行控制、软件升级等。

对于实验室的应急响应机制对应中控管理系统,通过该管理系统,实验室发生安全风险时,系统能够自动提出相应的应急处理措施以及相邻和周边其他实验室的危险化学品清单。险情发生时,平台通过多种途径针对性报警,通过视频等远程人工指挥或按规则自动处置险情。具备报警联动、自动处置、远程指挥等功能。

6.4.3　建设内容

1. 可视化中控展示中心

中控展示中心作为实验室安全要素可视化云平台的综合数据可视化展示平台,提供多层面展示功能,管理者可以在中控大屏终端对全平台内的各业务运转情况进行统筹管理,展示界面如图 6.26 所示。

仪器管理方面,中控大屏终端将会展示出全平台仪器设备数据的总览,如仪器设备总数、科研成果总数、服务总时长、设备总价值、服务总人数等,同时还将实现对全平台仪器设

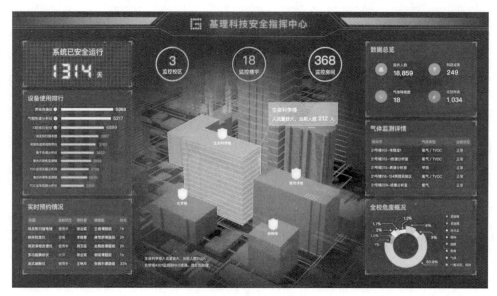

图 6.26　中控展示中心

备占比、使用排名、使用情况、预约情况等信息进行可视化走势数据展示,实现管理者在中控大屏终端即可对全平台仪器管理情况了如指掌;危险化学品管理方面,中控大屏终端可以利用算法将危险化学品的存量情况、每个房间的危险废弃物存量情况呈现在大屏上用来查阅,让管理者可以将试剂安全信息掌控其中;气体监测方面,中控大屏终端可以对每间实验室气体监测情况进行查看,其中包括气体监控点位总数、监控房间总数、监控气体种类数等信息;中控展示子平台还可以提供标准接口,支持第三方业务平台对接。

2. 可视化房间电子门牌

电子门牌作为房间总汇终端,它将维持房间内所有设备、人员、材料的闭环管理,所有的信息交互,也都统一汇集到电子门牌整理后,再与上级服务器交互,电子门牌界面如图 6.27 所示。电子门牌将获取到的是全房间内各业务属性中的全部数据信息,其中包括实验室简介信息、房间人员组成、仪器使用状态、仪器预约信息、化学品存量、危险气体监控数据、温湿度指标等,这些所有业务平台中数据均可通过用户需求,再定义为我们想要直观获取数据信息的不同展示形式呈现在电子门牌上,以此让各方用户直观了解房间情况。

此外,电子门牌除可以做数据展示以及房间内智能硬件与服务器交互的媒介以外,还配备了门禁功能。与通常门禁类似,电子门牌可通过刷卡、人脸或者指纹识别的方式对人员信息进行验证,从而进行房间门的开启行为。

除了普通场景下的门禁功能使用,门禁功能还可以与其他业务平台完成线上关联,实现人员准入资格与门禁权限的线上关联。如结合人员权限和仪器的预约,通过实验室电子门牌进行人脸识别、刷卡或者指纹识别的方式,对出入用户的信息进行身份识别和仪器预约时段、房间识别,实现实验室智能开关门,从而确保实验室人员安全、实验室安全和器材安全。同样门禁也可以支持与考试业务的关联,考试通过后才可进入实验室,从而实现门禁权限与其他业务资质的高度关联。

图 6.27　电子门牌

3. 实验室安全要素可视化云平台

实验室安全要素可视化云平台门户可以实现对学校实验室安全业务新闻介绍,工作动态展示,门户将通知公告、规章制度、安全教育、安全工作动态、工作流程等进行多维度展示。

针对不同平台用户在门户上也将通过不同入口进入到相应后台管理端,用户总体分为学生、教师、管理者,界面如图 6.28 所示。

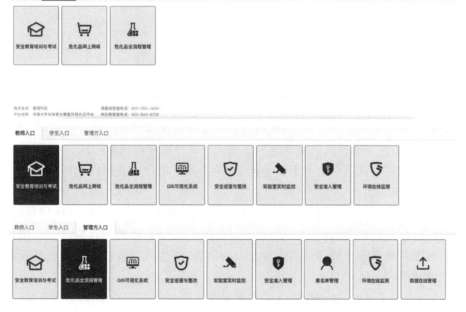

图 6.28　用户入口

1）学生应用端

普通学生端主要业务在于学生的学习、培训、考试以及普通化学试剂、危险化学品的采购行为。培训与考试是学生使用仪器、危险化学品的第一道防线，通过考试来验证学生的专业素养是否达标，从源头上对"人"的安全行为进行监管，可以避免人为因素导致的安全事故。

（1）安全教育培训与考试

学生可以在系统上完成在线学习、在线考试、模拟考试、考试成绩查询，同时可以实现题目、课件收藏，图片、规章等收藏，加强安全学习。

学生在在线学习模块中可通过具有针对性地对某一类题库、知识点进行着重学习。在此部分用户可以看到所有自己涉及的题库、知识点内容。在题库内可以按题库、知识点做区分进行模拟答题，在题库界面可进行答题与核对答案，不会对时间进行记录。在线学习题库如图6.29所示。

图 6.29   在线学习题库

正式考试前，考生可使用模拟考试功能。模拟考试中的试卷题目组成来自于将要考试的试卷题库，试卷题目随机进行抽取，从而可以保证模拟考试的考试题目与知识点是有效模拟的考试试卷。当学生选择某一套试卷后将进入考试界面进行模拟考试。提交模拟考试试卷后，平台自动判定考试成绩。对于整套试卷，学生可以进行试卷回顾，对于每一道题目都有相应的答案解析。

系统提供收藏功能，分为题目收藏、课件收藏、图片收藏、规章收藏，其中题目收藏可能来源于题库学习时、模拟考试时、考试后等，以便于针对错题、难题的反复学习。图片收藏、课件收藏、规章收藏来源于管理员在前台发布的信息，学生可以将这些资料进行收藏，便于随时查看，加强学习。

确认可以参加考试后，学生在进入实验室安全要素可视化云平台后，平台会提示用户有几场需要参加的考试，学生可选择"我已知晓"后，关掉弹窗，也可以选择前往确认，平台会自动跳转至我的考试-待考页面,供学生查看待参加的考试。另外在线考试模块具备待考列表,学生可于此处查看自己待参加的考试信息(包括已参加了但是成绩不及格可以重新参加的考试)。学生也可以查看公开考试,可以根据自己的需要选择考试并直接快捷进行考试。

考试结束后,学生的全部考试成绩结果都可从"我的成绩"中进行查询,通过考试影响范围、考试类型、考试是否通过来分类查询自己所考过的所有考试,同时对于已经通过的考试,学生可自行导出考试通过证书。

(2)危险化学品采购

普通学生可以在系统云商城采购平台中根据需要寻找化学试剂、生物试剂、耗材、办公用品等并进行筛选与购买,商品展示时自动从基础数据库提取相应的信息并显示国家管控要求、试剂紧急处理办法等内容,系统云商城采购平台界面如图 6.30 所示。

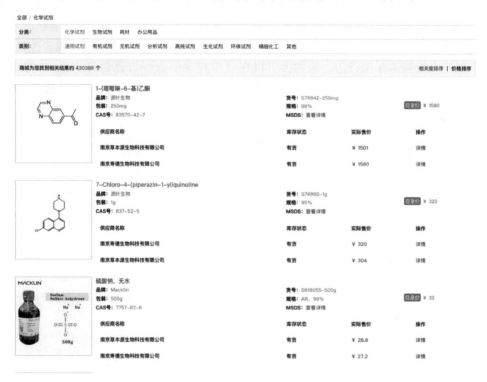

图 6.30 系统云商城采购平台

在商品列表中将标明商品品牌、包装规格、CAS 号、货号等,对于危险化学品、易制毒、易制爆、剧毒品等有明显专属标签,同时为保障化学品使用安全,平台将提供 MSDS 说明书以及安全处置措施等信息。

用户在我的购物车中移除不需要商品后,生成订单,便可将购买的商品记录在平台中,平台会根据不同供应商及是否为管制商品自动拆分订单,管控商品进入多级审核流程,采购商城界面如图 6.31 所示。与此同时,根据商品名称匹配危险品名录,并根据 MSDS 给出相应提示。

如果采购人在平台中还是无法找到自己的心仪商品或由于某些客观因素需要通过线下方式采购时,采购人可以对线下采购的商品在平台中进行添加自购商品。添加自购商品时

图 6.31　采购商城购物车

需要对商品名称、品牌、型号、原产地、生产商、规格、货号、包装、类型、单价、供应商、商品描述、自购理由、采购合同、营业执照、其他资质等信息进行补充,保证商品的安全性。添加自购完成后,即使是线下自购的商品也可以在平台中进行相应的安全管理行为或者报销行为,以此来规范全校商品采购行为。采购人可以在订单列表中查找自己的订单,订单将分为申购中、待供应商确认、待买方确认、待审核、待付款、付款中、已付款、退货中、已取消等状态,保证采购人可以随时跟踪到自己采购商品的订单状态。

（3）存货管理

在存货列表中存货信息将按照创建时间倒序展示,学生在列表中可快速查看到存货的相关信息,如存货的名称、创建时间、创建人、类型、品牌、货号、包装、单价、数量、位置、备注等信息,同时平台支持所有类型的全字段搜索、模糊搜索和组合搜索。最基本的可以按照存货的名称、品牌、货号进行搜索,还可以按照存货的创建人、创建日期、存放地点、类型进行搜索,以便学生可以快速找到自己想要领用的化学品位置。

（4）领用与归还

在平台中对危险化学品实行一物一码管制,严格遵循一条领用出库,一条归还,领用出库直至回收的持续循环,并完善台账记录相关实际领用物品码的区分,准确记录到每次领用后实际的归还量和实际用量。

领用时,可以通过扫描二维码的方式实现领用,使用完成后再次通过扫描二维码的方式进行物品归还。如某个二维码对应的物品已经被某人领走却未归还,其他人扫描该物品的二维码,平台提示因该物品未归还故无法领用。

完成领用后,在管理方和买方中均显示出具体领用人员、领用物品及该物品对应的二维码编码、领用量等信息,能识别出领用的是某一物。用户线下使用后,可扫描该物品二维码进行归还。领用归还记录如图 6.32 所示。

领用归还记录	回收记录
2019-12-09 14:19:58 张瑾 归还了50ml	
2019-12-09 14:19:38 张瑾 领用了100ml	
调剂记录	收货记录
	2019-12-09 14:19:23 潘先春 收货了 500ml

图 6.32　领用归还记录

另外,当用户扫码归还后,在管理方及买方中均显示扫码归还送还人员、送还物品及该物品对应二维码编码、送还量信息,能识别出归还的是某一物。

对归还的物品再领用时,在管理方和买方中均显示出具体领用人员、领用物品及该物品对应的二维码编码、领用量等信息,能识别出再领用的是某一物。如图 6.33 所示。

图 6.33　归还记录

（5）危险废弃物处置

实验产生的废弃物(液体、固体、气体),存在各种各样的安全、污染隐患,为有效跟踪、处理废弃物,实验室安全要素可视化云平台提供了废弃物处理模块,方便废弃物的记录、处理、跟踪。学生在课题组下可以添加废弃物,记录废弃物名称、成分、重量、数量等,以便更好、更安全地处置废弃物。

废液桶装满后,学生可以在线申请废弃物回收,申请提交后,供应商端将自动收取废弃物回收申请单,供应商可将多个申请单合并生成废弃物回收交接单。

当学生在某一次领用危险化学品后使用掉了全部的试剂,对于空瓶学生就可以通过手机扫描瓶身上的二维码来进行空瓶回收申请。

2）教师应用端

（1）数据总览

教师在此模块中可以直观看到个人管理的课题组整体宏观情况,如图 6.34 所示。如课题组中危险化学品存量、课题组采购额、课题组采购类别占比、课题组人员考试情况、课题组所负责房间巡查情况、课题组负责房间进出门记录情况等,在这个面板中课题组教师可以便捷掌握全课题组各类安全要素可视化情况。

（2）待办事项

在待办事项中包含教师全部安全要素相关的待处理事项与已处理事项,如学生加入课题组申请、学生采购订单确认、学生订单付款、空瓶回收审批、危险废弃物处置审批等信息,教师都可以从此模块中进行处理。

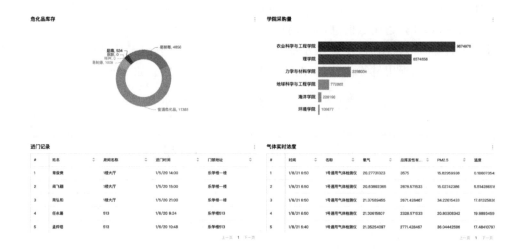

图 6.34　教师应用端数据总览

在待办事项中,平台将标明每一条事项的具体内容、时间、申请人等,教师审核后可以直接进行通过或者拒绝操作,操作界面如图 6.35 所示。

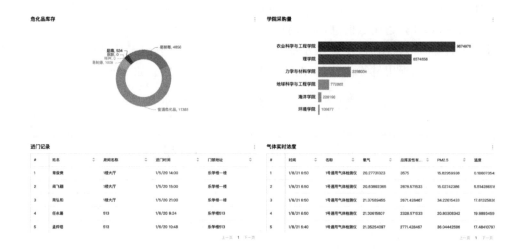

图 6.35　待办事项

（3）公告与制度管理

教师可以在前台发布有关本课题组的一些公告信息或者制度规则等,并展示于前台通知公告处,同时在发布时需要对发布信息的所属分组及可见范围进行选择,保证发布的这条信息只有本组管理者后期可以维护,同时这条信息仅对本课题组的成员可见,避免与其他课题组、学院或学校信息混乱。界面如图 6.36 所示。

（4）房间管理

在实验室安全要素可视化云平台中,所有的房间都将归属于人进行管理,即每个房间都有其相应安全负责人。教师在"我的房间"管理模块中可以看到隶属于个人管理权限下的所有房间,教师可以直观看到当前房间的状态是否存在隐患,以及房间中都包含了哪些成员,房间中存有哪些安全隐患点,对于归属房间下的所有巡查台账教师都可以根据需要进行导出使用。界面如图 6.37 所示。

（5）执行巡查

为方便教师自查和巡查,平台提供了 Android 和 IOS 的 APP,方便教师使用,界面如

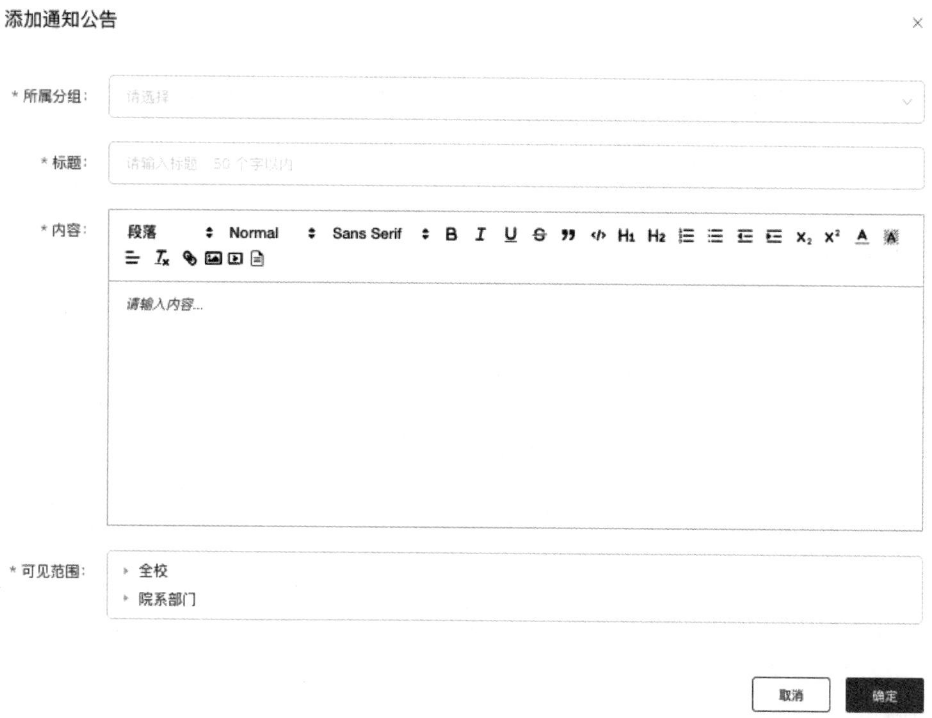

添加通知公告   ×

* 所属分组:	请选择 ▾
* 标题:	请输入标题 50 个字以内

* 内容:

段落 ⇅ | Normal ⇅ | Sans Serif ⇅ | B I U S " </> H₁ H₂ ≣ ≡ ≣ ≣ x₂ x² A 🖍
≡ 🇹ₓ 🔗 🖼 ▶ 🗋

请输入内容...

* 可见范围:
▸ 全校
▸ 院系部门

取消   确定

图 6.36 添加通知公告

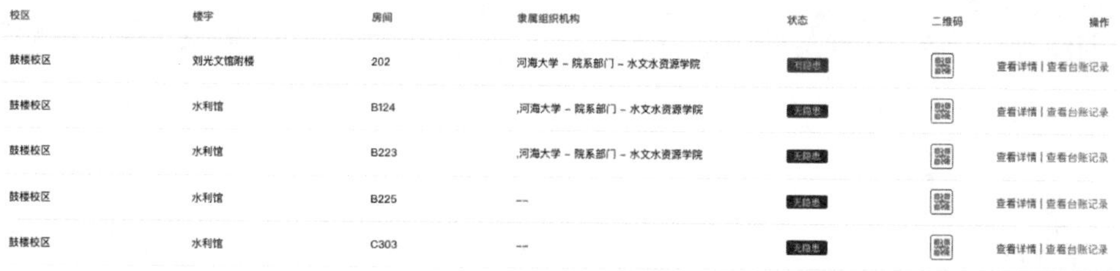

校区	楼宇	房间	隶属组织机构	状态	二维码	操作
鼓楼校区	刘光文馆附楼	202	河海大学 – 院系部门 – 水文水资源学院	有隐患	▦	查看详情｜查看台账记录
鼓楼校区	水利馆	B124	河海大学 – 院系部门 – 水文水资源学院	无隐患	▦	查看详情｜查看台账记录
鼓楼校区	水利馆	B223	河海大学 – 院系部门 – 水文水资源学院	无隐患	▦	查看详情｜查看台账记录
鼓楼校区	水利馆	B225	---	无隐患	▦	查看详情｜查看台账记录
鼓楼校区	水利馆	C303	---	无隐患	▦	查看详情｜查看台账记录

图 6.37 房间管理

图 6.38 所示。对于 APP 的账户登录方式是通过扫描平台 APP 登录二维码进行登录,非常便捷。教师在登录 APP 后,就可以随时查看与自己相关的巡查消息推送提醒。当收到巡查项目时,用户可以在 APP 项目列表中查看当前项目。教师作为巡查员找到该项目对应房间后,即可进入房间进行巡查。另外也可扫描房间的二维码,直接进入房间进行巡查。

巡查时,可以单击"添加记录",进行拍照上传图片,编辑检查意见,并要求关联到检查条目。当然也可以对本次巡查进行评判,巡查隐患等级分为全校通报、全院通报、需要整改三种状态。

(6) 房间整改

教师作为房间负责人,当房间检查出安全隐患时一定做到及时整改,由于隐患等级不同因此我们无法要求房间负责人一次性对房间完成整改,所以对于每一次整改房间负责人可以针对整改情况选择进行了全部整改还是部分整改。当全部整改时,房间负责人就需要上传图片以及描写整改情况。当选择部分整改时,房间负责人需要额外表明当前的整改进度,界面如图 6.39 所示。

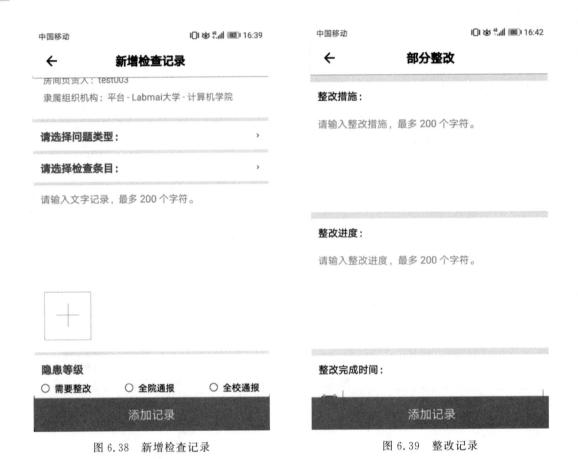

图 6.38　新增检查记录　　　　图 6.39　整改记录

（7）危险化学品采购

教师端包含全部学生端危险化学品全流程管理功能，根据采购的化学品不同，有不同的采购、审批流程。针对普通试剂耗材、生物试剂、化学试剂、管制类等不同种类的商品，在学生选购生成订单后是无法直接进行下单的，不同商品将进入不同审批流程进行审核，审核通过后才会完成整个下单过程。对于普通试剂不需要分级审批，只要教师同意购买确认订单后，线上订单会自动交付给供应商处理。当学生购买易制毒、易制爆、麻醉等管制类商品，无论线下购买还是线上采购，在订单管理页面均可明显标识商品分类，并且当教师允许购买确认订单后，订单状态变为"审核中"，订单将进入管理方审核多级审核流程中进行进一步审核，界面如图 6.40 所示。

图 6.40　订单管理

（8）付款管理

当供应商发货、学生完成确认收货后，教师可以为订单进行支付货款，选择付款后平台就将自动为订单生成相应付款单，教师可以在"付款管理"中看到自己课题组下全部付款单据以及相对应每笔付款单中的所有订单。

教师确认付款后,供应商将可以在供应商平台生成结算单据,供应商将会把结算单据以及发票邮寄给教师,教师后期根据单据即刻进行线下报账工作。

(9) 经费管理

经费信息来源可以直接对接财务平台获取教师经费卡信息,平台将获取经费名称、来源、编号、总额、教师名字等信息,在为订单确认时或付款时可直接选择已有经费卡进行付款,实现全线上采购流程,界面如图 6.41 所示。

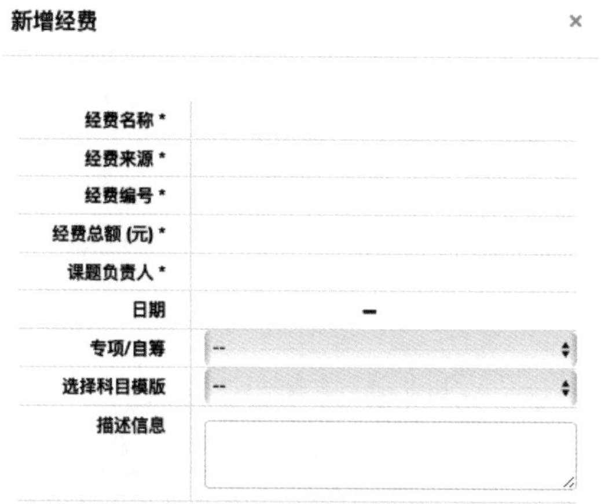

图 6.41　新增经费

如无财务对接,教师也可以根据自身情况手动添加经费卡信息,手动添加完成后,在后续使用过程中可以直接选择经费卡,发起结算时单据中将自动填充经费卡信息,教师便可直接打印报账相关单据完成线下结算。

为减轻教师工作负担,教师也可以在经费管理中为自己所信任的学生进行经费授权,被授权的学生在付款时便可以自行对经费卡进行选择并支付。

(10) 实验室风险控制管理

在实验室风险控制管理中,首先将房间标注是哪一类实验室,如科研、化学类、生物类等,另外教师可以看到自己所负责的所有实验室房间,实验室安全要素可视化平台用明显标签来标注每一间实验室中都具备哪些风险点,根据不同风险点平台将提供不同防护要点标示,以便形成标准安全处置建议,同时实验室都具备哪些实验室资质也将充分进行体现,界面如图 6.42 所示。

3) 管理者管控端

(1) 地图模块

地图模块资源来源于高德官方地图,通过精准定位校区及楼宇,管理者在地图模块中可以总览全校楼宇及房间情况,一共分为校区—楼宇—房间三级结构。

在校区层级,管理者可以看到所有院系楼宇分布及楼宇相应安全负责人及其联系方式信息。

在楼宇层级,管理者可以看到楼宇中所有房间以及房间相应负责人及其联系方式,管理者也可以通过房间列表直接调出房间安全要素情况。

图 6.42　实验室风控管理

在房间层级,管理者可以直观看到房间中所有安全要素以及房间风险点。

(2) 数据总览

管理者在此模块中可以直观看到全校整体宏观情况,如各个学院化学品使用量排行,学院各类商品采购类别占比,全校化学品存量,各学院管制类、生物类、化学类等各类商品采购数量等信息,在这个面板中管理者可以便捷掌握全校各类安全要素可视化情况,界面如图6.43所示。

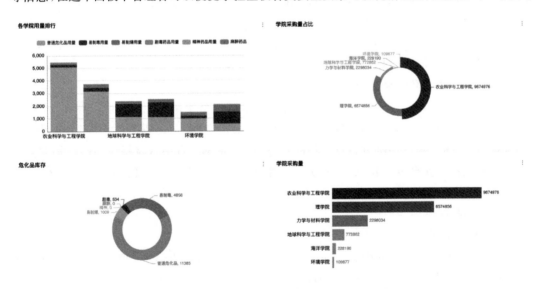

图 6.43　全校实验室数据总览

(3) 待办事项

在待办事项中将包含管理者全部安全要素相关的待处理事项与已处理事项,如房间整改审批、危险废弃物回收审批、空瓶回收审批、商品准入审批、采购审批等信息,管理者都可以从此模块中进行处理。

在待办事项中,平台将标明每一条事项的具体内容、时间、申请人等,管理者审核后可以直接进行通过或者拒绝操作,界面如图 6.44 所示。

待办事项

待处理　已处理

编号	处理事项	处理人	处理结果	处理时间
1	用户 黄迪测试账号 申请加入 分组 乐学楼	黄迪测试账号	已通过	2021-02-01 10:56:20
2	用户 genee 申请加入 分组 水资源高效利用与工程安全国家工程研究中心	genee	已拒绝	2021-01-29 11:07:03
3	用户 genee 申请加入 分组 测试分组	genee	已拒绝	2021-01-29 11:07:01
4	用户 genee 申请加入 分组 407	genee	已通过	2021-01-22 19:26:27
5	用户 genee 申请加入 分组 B124	genee	已通过	2020-12-25 14:53:13
6	用户 didi 申请加入 分组 环境学院	didi	已通过	2020-12-24 16:23:39
7	用户 didi 申请加入 分组 土木与交通学院	didi	已拒绝	2020-12-24 16:23:43
8	用户 didi 申请加入 分组 水文水资源学院	didi	已通过	2020-12-24 16:23:46
9	用户 genee 申请加入 分组 null	genee	已通过	2020-12-23 11:14:59
10	用户 genee 申请加入 分组 null	genee	已通过	2020-12-17 14:48:09

图 6.44　待办事项

（4）安全巡查与整改

管理者端包含全部教师端具备安全巡查与整改功能,同时可以根据教育部所下达的实验室安全巡查检查条目下达检查指标,也可以通过平台进行批量上传形成自定义巡查条目,自定义条目可直接关联国家巡查条目,方便老师进行日常巡查的同时,也方便学校进行统一上报。安全巡查包括日常巡查、安全自查、专项检查、整改审批。

日常巡查:管理员可对全校/全院部分房间发起日常巡查,日常巡查可以针对全部检查指标发起巡查,同时需要完成对基本信息的补充,包括项目名称、项目备注、项目时间、检查条目、发起项目的管理分组等,界面如图 6.45 所示。

图 6.45　发起巡查

巡查完成后,管理员可以掌握此次巡查项目中所有的巡查情况,如该房间所属楼宇、校区、负责的房间安全员姓名、巡查人姓名、问题类型、巡查记录时间、当前巡查记录状态、情况描述、整改状态、整改记录等,针对全部巡查记录管理员均可导出以此来辅助危险源分析等其他工作。管理员如果对巡查结果存有疑问即可对该房屋内存在检查记录进行驳回,对于被驳回的检查,需要巡查员重新进行巡查并提交相应巡查记录。最终当日常巡查任务结束后,平台将自动为此次日常巡查项目生成相应的巡查检查报告,报告中将对巡查任务信息、巡查基本情况、巡查条目、巡查执行情况等进行统计、分析,为管理者生成可输出性的整体结果报告,报告如图 6.46 所示。

Labmai大学安全巡查报告

报告单号:	202011271183000000
报告名称:	巡查项目-测试项目24
项目范围:	物理科学学院,物理学院,化学学院,化学学院,计算机学院
项目时间:	2020-11-25 00:00:00-2020-11-27 00:00:00
项目管理组:	平台 - Labmai大学
项目负责人:	李珏
负责人电话:	15425123232

项目巡查报告

一、巡查基本情况

本次巡查项目范围共涉及 5 个学院、1 栋楼宇、14 个房间,共涉及 个项目大类, 条巡查条目。本次巡查共历时 2 天,组织了 1 位巡查员进行巡查。

二、巡查条目

巡查条目大类包含: 。

巡查条目细则: 略。

三、巡查执行情况

本次巡查合格房间 13 间,存在隐患的房间 1 间,合格率 92.85714285714286% 。

本次巡查共发现隐患 0 条,截至项目结束,隐患已完成整改 0 条,未完成整改 0 条,整改完成率为 0%。

在本次巡查项目中

隐患数量最少的学院是"计算机学院",隐患数量 0 条;

隐患数量最多的学院是"物理科学学院",隐患数量 0 条;

隐患数量最多的房间是"测试校区1-李珏-测试楼宇1-李珏-测试房间2",隐患数量 1 条;

隐患数量最多的条目大类是"",隐患数量 条;

隐患数量最多的条目是"",隐患数量 条。

巡查报告审批意见

项目负责人:		项目管理组:		实验室安全管理处:	
(单位章)		(单位章)		(单位章)	
年　月　日		年　月　日		年　月　日	

图 6.46　巡查报告

安全自查:管理员在平台中还可以对全校、全院部分房间发起实验室安全自查任务,自查项目最大的特点是可以为巡查任务设定天/周/月等自查频率,自查项目将按照频率自动发起每一期的自查任务。安全自查项目也是可以设置检查条目的,但是由于是自查项目,因此项目无须设定自查范围,即无须进行巡查员的选择,巡查员即为各房间安全负责人。

专项检查:专项巡查与日常巡查的不同点在于管理者在选择巡查范围后,平台将根据房间标签如生物实验室、化学实验室、辐射实验室、机电实验室等自动为管理者筛选相应安全检查项目条目,以此来辅助管理者便捷、准确地为巡查项目设定检查条目。

整改审批:管理员可以对已经进行整改的房间进行整改审核,审核时可以看到这个房间当前项目下的所有整改信息,通过文字和图片来判别是否已经整改合格,如果管理员判定整改合格,即视为此次整改合格,后续无须房间负责人整改。如果管理员判定整改不合格,即视为此次整改不合格,需房间负责人继续整改。如果管理员判定巡查员进行现场复核,即管理方要求此巡查记录的提交巡查员,去现场进行复核。如复核通过,则需要巡查员确认复核通过,而后由管理方继续审核;如复核不通过,则需房间负责人继续整改,界面如图 6.47所示。

图 6.47　审核整改记录

（5）危险化学品全流程管理

管理者端包含全部教师端具备危险化学品全流程管理功能,同时管理方作为平台最高权限人员,管理员可以对权限进行下放,为其他人员设置不同管理权限,如存量管控人员、废瓶回收负责人员、废弃物处置管理员、商品准入管理员、付款管理员、结算管理员、供应商管理员等,用于各类危险品的购买、管理审核及监管。

存量上限管理:为保障实验室危险化学品存储安全,管理员可以为危险化学品、易制毒、易制爆、剧毒品、精神药品、麻醉药品等设置存量上限,存量上限将根据采购量与空瓶回收量来进行核算,当存量超过上限后,采购人将无法再次进行采购,从而进行存量上的限制,界面如图 6.48 所示。

图 6.48　危险化学品存量上限管理

针对不同类型科研课题组或人员或科研内容的需求,平台可以为其设定个别用户个性化设定以及个别化学品存量上限设定,以此来保证平台对商品存放安全的灵活调整。

危险化学品品类统计:品类统计是针对管理者对危险化学品进行综合统计、汇总的管理页面,管理者在品类统计中可以查看危险化学品的全部统计情况。管理者可以根据需求按照化学品名称、组织机构、地理位置、领用时间段、采购时间段等字段进行筛选并查看相应的化学品种类统计信息。同样管理者也可以根据种类统计、机构分布、地理分布三种大分类来查看所有购买过的危险化学品的采购总量、用量、存量情况。品类统计中所有数据信息,管理者都可以勾选所需数据,平台将自动为管理者生成相应可视化图表,便于导出或下载。

危险化学品台账信息:除针对化学品的统计以外,平台通过对每一次用户操作的收集,最终均汇总到采购台账、领用台账、收货台账、归还台账、库存台账、空瓶台账等之中,从而方便辅助管理者监控平台中所有商品的流转情况,同时这些台账还可以很便捷地帮助管理者完成需要向上级进行的汇报工作。针对管控商品,平台支持与当地公安局的中爆系统进行对接,使得易制毒等管控商品在线实现申报采购,数据自动同步,避免管理方向公安部门报案,极大地节省了用户、管理方的工作量。

危险化学品采购:审批针对不同品类商品,在学生或教师采购后,平台会根据商品的化学性质类型标签进入到不同的商品采购审核流程之中,每一种审核流程都来源于学校固有审核流程,如易制毒、易制爆、剧毒品、精神药品、麻醉药品这 5 类管控类化学品需要进行课题组负责人、院级管理员、实验室管理处管理员、资产管理处管理员 4 级审核,危险化学品、气体、普通试剂、生物试剂、耗材进行单级审核等。

根据不同审核需要,管理者在采购审批中可以看到个人需要审核的所有采购申请,可以根据审批信息进行审核,从而对申请进行通过或拒绝判定,如果管理者对申请进行拒绝,那么管理者也需要明确说明拒绝理由。

采购审批的当前动态或历史审批跟踪动态,管理者可以通过采购审批栏中的状态栏对每一笔采购申请进行跟踪。

空瓶回收审核:对于每个课题组所提交的空瓶回收申请,管理者都可以在空瓶回收审核模块对课题组发起回收申请的所有空瓶信息进行查询,如课题组发起回收的时间、凭证号、申请人课题组信息等,同时管理者可以通过每一个课题组空瓶回收申请所生成的凭证号来查看该凭证中的全部废瓶信息。通过查看空瓶信息,管理者即可进行通过或拒绝行为来完成整体空瓶回收申请至完成回收流程。

危险废弃物处置管理:首先,管理者可以在平台中规范用户的危险废弃物收集桶规格,配置不同的危险废弃物桶类别、危险废弃物桶规格来供课题组倾倒废弃物,从而规范全平台的危险废弃物处置。此外平台提供了统计页卡来辅助管理者明确平台中用户提交的危险废弃物综合统计和明细情况,界面如图 6.49 所示。

图 6.49　危险废弃物综合统计和明细

对于个别危险废弃物处置情况,管理者可以按照回收编号或者发起回收的课题组名称来搜索相关的废液回收记录,或者根据不同的危险废弃物类型进行同类危险废弃物的查看。

(6)实验室信息统计

平台实验室信息统计报表管理具备符合函报要求、数据实时采集、按时生成报表、在线编辑核准、两级审批校准、一键数据上报等功能。

平台支持实时追踪记录设备、教学实验项目、实验室人员、实验室基本情况、实验室经费变动情况,自动采集真实数据填充报表信息;系统可定期按学年(从每年 9 月 1 日到第二年 8 月 31 日)依据统计汇总规则生成符合教育部函报要求的基础报表,平台支持填报人在线核实系统生成基础数据要求,支持在线编辑基础数据并锁定提审。

平台提供两级审批核准设置,支持自定义设置人员角色和审批权限;终审锁定数据无法编辑,满足学校管理者对基础报表整体上报数据质量管控要求,系统支持一键下载合规数据上报,将烦琐统计上报工作一键化,减轻管理方工作。

（7）气体监控管理

气体监控管理引进先进的无线物联网技术和一流的工业级传感器，整合地理信息、多客户端分级报警、多级权限，有针对性地对实验室的空气质量与危险气体进行 24 小时监控与分析，实现数据的实时分级上报、安全问题的实时警报，保证实验人员的安全，让管理者可以随时随地查看实验室的安全状况、实时地接收安全警报，协助管理者对实验室的安全隐患进行预判，最大限度地预防与降低气体泄漏导致的危害。

管理员可在基于各组织架构的地理信息，实时查看安装监测设备的校区、楼宇以及该楼宇下安装气体监测设备的房间、房间内的气体监测实时信息。

险情出现时，在地理信息页面中，对于发生险情预警的楼宇标示将自动进行状态变更，提示用户泄漏点位和气体警报详情，如提示具体实验区域中气体检测器监测到的实时浓度、泄漏时间、泄漏等级等信息，以及实验区域安全责任人的姓名和联系方式，便于追踪险情预警情况。

同时管理者可以根据平台为协助预警处置而提供的处置情况、急救措施、应急处理方案等信息，对全局协调安全风险的处理资源、人员和部门，缩短处理时间，提高处理响应速度，降低处理风险。

（8）警报事件管理

除了日常预警，管理者通过预警事件管理可以查看全校、楼宇、房间的报警详情报表。对于整体报表还配备了高级搜索功能，可以根据实验室、部署的房间数、部署的设备数、报警次数以及平均响应时间和平均关闭时间等维度进行搜索，从而方便管理者对气体预警情况的后期追溯、整改等工作。

平台自身具备三级警报机制，分别是预警警报、一级警报和二级警报，警报设定的阈值严格按照国标文件的要求设定。其中对有毒气体三级预警等级分为预警级别（50%）、一级警报级别（75%）、二级警报级别（100%）（依据有毒气体"短时间接触容许浓度"PC-STEL）。对于可燃气体三级预警等级分为预警级别（10%）、一级警报级别（25%）、二级警报级别（50%）（依据可燃气体爆炸下限浓度值 LEL）。

但是根据不同校内要求，管理者可以参照自有警报机制基础上为每一个校区、每一个楼宇、每一个房间、每一个设备调整事件规则，校准每一个设备的预警机制，以此来保障不会出现误报、错报等现象。

（9）视频监控管理

平台采用高清视频监控技术，实现视频图像信息的高清采集、高清编码、高清传输、高清存储、高清显示。同时基于 IP 网络传输技术，提供视频质量诊断等智能分析技术，实现全网调度、管理及智能化应用，为管理者提供一套"高清化、网络化、智能化"的视频监控业务，从而可以实时监测实验室情况、安全要素情况和大型仪器设备的运转情况等，通过对隐患点所在实验室、实验室所在楼层、楼道等实时监控，确保实验室安全。

除了对每个实验室隐患点以及每个实验室的单独监控，管理者还可以通过多屏模式来同步监控全校区情况，以此来保障校园安全、科研安全。

（10）实验室风险控制管理

在实验室风险控制管理中，首先房间将标注是哪一类实验室，如科研、化学类、生物类等；其次，管理者可以看到全校所有校区的所有实验室房间，实验室安全要素可视化平台将用明显标签来标注每一间实验室中都具备哪些风险点,根据不同风险点平台将提供不同防护要点标示,以便形成标准安全处置建议,同时实验室都具备哪些实验室资质也将充分进行体现。

(11) 标签管理

管理方在此可以对实验室风险控制管理中所有的标签进行管理,分类层级可以向上扩增。如首先可以将标签分为辨别实验室类别标签、实验室风险等级、实验室用途类别标签、实验室资质类别标签等进行各种实验室类别的定义区分。

在一级类别下,管理者仍可以对实验室进行进一步类别分类,可无限细化实验室类别属性,最终可以添加类别下相应的最底级标签。创建标签时管理员可以自定义的去命名每一个标签以及为每一个标签调配不同特殊属性颜色以此来明显区分实验室风险控制等级。

对接房间信息后,平台在日常运转过程出现不同属性危险源,将自动为房间贴挂相符分类标签,此后无论房间负责人还是管理员都可以对房间风险情况一目了然。

(12) 地理信息管理

地理信息管理将直接接入校方已有地理信息数据表,从而进行楼宇、房间双层级管理。导入地理信息后,管理者可以在地理信息管理业务中来查看及管理所有地理方面的信息,如每个校区有多少学院、多少楼宇、多少房间,对于每一层组织架构内的相应负责人信息都将呈现在此管理业务之中。

管理者在地理信息管理中可以向下逐级进入,最终进入到房间之中。在房间列表中,管理者可以看到所属房间内所有人员情况以及房间隶属的相应学院,此业务最终实现从一点完成所有地理层面管理内容,界面如图 6.50 所示。

图 6.50　地理信息管理

(13) 人员分组管理

人员数据往往是重复保存在各个业务各自的数据库中,当一个人员数据修改时,往往要重复对多个系统分别修改,工作量大。在人员分组管理中,平台将人员信息进行对接,同时提出"分组"的概念,通过"分组"这种高度自定义的方式兼容不同业务对人员管理的不同需求,实现根据业务进行区分管理。对于成员基础信息的变动可以在"成员模块"直接进行"添加""删除""编辑"等操作,平台则直接从此获取人员数据,管理者将实现平台对全校人员信息的管理,人员分组管理界面如图 6.51 所示。

(14) 权限管理

在权限管理中仍然使用"分组"的形式对业务的数据权限、功能权限等进行区分管理。在权限管理模块中可以实现对某一业务进行权限划分,对某一已有角色或新建角色通过勾

图 6.51　人员分组管理

选的方式赋予不同的职能,然后对某一类角色关联相关用户完成对不同成员进行权限分配,最终实现多级成员角色层层分配,用户权限管理界面如图 6.52 所示。

图 6.52　用户权限管理

（15）数据源管理

数据源管理是一个自主数据分析功能,可以实现全平台业务数据实时在线查询与分析,通过拖拽式操作和丰富的可视化图表,帮助管理者轻松自如地完成数据分析、图表制作和数据仪表盘搭建等工作,能够根据实际业务需要,建立常用统计报表模板。在大数据构建与管理上,直接解决业务场景问题,支持全局数据监控和数据化决策,完全解决掉任何数据统计、数据分析问题。

对于数据源管理的数据源是在原始数据产生后,平台会对数据进行相应的处理,从而为后续的数据分析与可视化做准备。处理数据时,只需要将涉及关联的数据表拖动到画布上已有的数据表上,即可建立数据之间的关联关系。建立完成关系后,可以为数据分析选择各类型图表,开始对数据分析结果进行可视化处理,界面如图 6.53 所示。

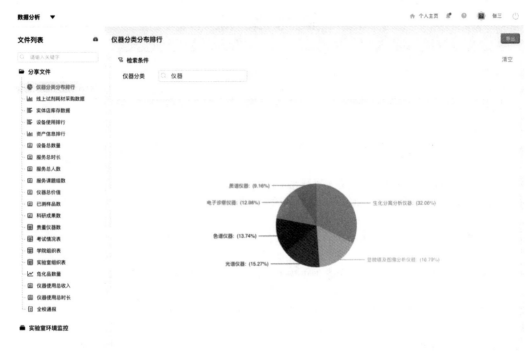

图 6.53　数据源管理

参 考 文 献

[1] 崔升广.高等院校智慧实验室建设研究与应用[J].辽宁省交通高等专科学校学报,2016,18(5):58-60.

[2] 宫兆合,刘心悦,王亚雄,等.智慧实验室建设思路探究[J].中国教育技术装备,2022(6):33-35,39.

[3] 荆明伟.经费使用与设备采购进程信息化管理的探索与实践[J].实验技术与管理,2013,30(3):102-105.

[4] 李成勇,王莎,王乐,等.实验室远程监管系统构建与应用[J].实验技术与管理,2020,37(7):234-237.

[5] 包艳华,崔升.基于远程管控技术的实验室事故报警系统研究[J].消防科学与技术,2021,40(3):386-390.

[6] 陈镭,刘玉,杨琴.高校实验室大数据可视化平台研究[J].计算机时代,2020(11):43-46.

[7] 胡国强,杨彦荣.智慧教育背景下高校智慧实验室的构建与研究[J].实验技术与管理,2021,38(3):283-287.

[8] 余泰,李莉,赵欣.基于教育大数据的高校智慧教学环境构建[J].实验室研究与探索,2020,39(7):285-288.

[9] 颜婉茹,杜青林,魏金枝,等.基于互联网+技术智慧实验室的研究与创建[J].实验室科学,2020,23(6):170-173.

[10] 杨梦洁.中国互联网发展演进趋势及应用现状[J].中国商论,2018(27):22-24.

[11] 叶华.浅谈物联网的发展[J].科技资讯,2018,16(15):9-10.

[12] 陈航,陈威.高校土建工程专业实验室智慧建设的应用探讨[J].建材发展导向,2019,17(20):39-41.

[13] 李楠.基于物联网技术的高校智慧实验室设备管理系统的设计与实现[J].信息技术与信息化,2021(3):202-205.

[14] 李瑞利,黄卓忻,宋俊慷.物联网技术在开放实验室建设中的应用[J].无线互联科技,2022,19(5):85-86.

[15] 郭毅可.论人工智能历史、现状与未来发展战略[J].人民论坛·学术前沿,2021(23):41-53.

[16] 吴湘宁,彭建怡,罗勋鹤,等.高校人工智慧实验室的规划与建设[J].实验技术与管理,2020,37(10):244-250.

[17] 朱燕祥,王勇军.人工智能技术在高校实验室管理中的应用[J].教育教学论坛,2019(50):7-8.

[18] 徐倩.浅谈云计算[J].电脑知识与技术,2018,14(1):45,47.

[19] 苑邦展.虚拟现实技术的演变发展与展望[J].科学与信息化,2021(3):36.

[20] 张婷,杨扬,杨启浩,等.利用虚拟现实创新实验室消防安全教育[J].实验室研究与探索,2021,40(7):305-308.

[21] 杨一帆,邹军,石明明,等.数字孪生技术的研究现状分析[J].应用技术学报,2022,22(2):176-184,188.

[22] 田申,甘芳吉.数字孪生技术在实验室建设中的运用研究:以物联网专业为例[J].实验技术与管理,2021,38(7):30-35.

[23] 郑诚慧.元宇宙关键技术及与数字孪生的异同[J].网络安全技术与应用,2022(9):124-126.

[24] 窦海娥.高校"智慧实验室"的建设路径探索[J].科技视界,2022(2):30-32.

[25] 樊云鹏.高校实验室信息管理系统的设计与实现[J].电脑知识与技术,2022,18(17):44-45,60.

[26] 周游.信息化下高校智慧实验室的建设与探索[J].网络安全和信息化,2021(11):24-26.

[27] 钟冲.新形势下高校实验室管理[M].成都:西南交通大学出版社,2019.

[28] 路阳.建设工程检测实验室的智慧化建设探析[J].广东土木与建筑,2021,28(8):8-10.

[29] 中国合格评定国家认可委员会.CNAS-CL09科研实验室认可准则[S].中国合格评定国家认可委员会,2019.

[30] 中国合格评定国家认可委员会.CNAS-CL01检测和校准实验室能力的通用要求(ISO/IEC 17025:

2017)[S].中国合格评定国家认可委员会,2018.

[31] 覃卫玲,黄善斌,何登旭.基于高校智慧实验室的仪器设备管理模式改革探究:以广西民族大学为例[J].行政事业资产与财务,2021(11):12-14.

[32] 牛丽.高校智慧实验室综合管理平台建设研究[J].计算机时代,2021(10):122-124,127.

[33] 龙海洋,夏彬伟,姜永东,等.实验室管理平台的建设与实践[J].实验室研究与探索,2021,40(10):252-255.

[34] 张永成,范钦满,刘长平,等."多元一体,多维协同"理念下高校实验室文化建设与实践[J].实验室研究与探索,2021,40(10):5.

[35] 张玉芬,徐冰,朱璧如."双一流"建设背景下高校科研实验室文化建设[J].中国现代教育装备,2021(3):3.

[36] 柯红岩,张捷,金仁东."双一流"建设背景下高校实验室文化建设[J].实验室研究与探索,2019,38(3):4.

[37] 李继红."立德树人"视角下的高校实验室文化育人功能及实现途径[J].湖北开放职业学院学报,2022,35(5):3.

[38] 段秀铭,易志军,张伦,等.加强以人为本的实验室建设,促进师生发展[J].大学物理实验,2021(4):135-139.

[39] 邵文静,张夏雨.智能时代下人与技术的关系:从"媒介即人的延伸"到"赛博人"[J].视听,2020(12):179-180,205.

[40] 肖红艳,任二辉,宋庆双,等.高校实验室EHS文化建设[J].实验室科学,2020,23(1):154-156.

[41] 张也卉,徐鑫,许漪,等.基于EHS视角的高校交叉学科研究平台建设与安全管理[J].实验技术与管理,2021,38(1):272-275.

[42] 苏红,刘辰琛,杜忠文,等.基于EHS模式的高校化学实验室安全文化建设[J].山东化工,2020,49(15):221-222.

[43] 燕慧君."五常法"在高校语言实验室管理中的运用探讨[J].教育现代化,2022,9(10):168-170,176.

[44] 罗昊.高校实验室文化导向的科普模式研究[J].科技传播,2022,14(2):30-34.

[45] 石瑛,吴其光.实验室文化的内涵及其构建[J].教育探索,2010(11):81-82.

[45] 朱爱红,张春平.军校实验室文化内涵界定及建设原则[J].实验室研究与探索,2013(2):181-184.

[47] 束羽,徐铮,丁寅.论高校实验室文化建设[J].实验室研究与探索,2013,32(8):197-200.

[48] 李海洲,潘东,安丰辉.传统文化涵养高校实验技术"工匠"路径研究[J].湖州职业技术学院学报,2018,16(3):19-21,29.

[49] 郭颖.培养工匠精神提高学生职业素养的路径研究[J].科技资讯,2020,18(16):191-192.

[50] 贺薇,刘素平.工匠精神引领下的高校综合改革与教育教学评价机制研究:以"南京理工大学"实验室建设管理改革为例[J].人力资源管理,2017(10):223-224.

[51] 夏晗.企业家契约精神、企业创新对制造企业高质量发展的影响[J].企业经济,2022,41(5):59-70.

[52] 王滨,陈律.新时代契约精神的传承与创新[J].人民论坛,2021(23):75-77.

[53] 耿维明.实验室文化建设[J].中国计量,2012(5):20-22.

[54] 张悦,常雅宁,王启要,等.新工科背景下实验技术人员在三全育人工作中的积极作用[J].实验室研究与探索,2021,40(2):256-259.

[55] 余徐,张云怀,柴毅,等."三全育人"背景下高校实验室实践育人的探索与实践[J].高等建筑教育,2021,30(2):177-181.

[56] 王钰."三全育人"背景下高职院校实验室安全教育管理策略[J].现代商贸工业,2022(15):241-242.